室　内　设　计　工　程　档　案

Selected Interior Design Projects

商业空间

Commercial Space

本书编委会　编
主　编：董　君
副主编：贾　刚

中国林业出版社

图书在版编目（CIP）数据

商业空间 /《室内设计工程档案》编写委员会编. -- 北京：中国林业出版社, 2017.6

（室内设计工程档案）

ISBN 978-7-5038-8977-6

Ⅰ. ①商… Ⅱ. ①室… Ⅲ. ①商业建筑－室内装饰设计－中国－图集 Ⅳ. ①TU247-64

中国版本图书馆CIP数据核字(2017)第087821号

《室内设计工程档案》编写委员会
主　编：董　君
副主编：贾　刚
丛书策划：金堂奖出版中心
特别鸣谢：《金堂奖》组委会

中国林业出版社 · 建筑分社
策划、责任编辑：纪 亮 王思源

出版：中国林业出版社 （100009 北京西城区德内大街刘海胡同 7 号）
网址：www.cfph.com.cn
电话：（010）8314 3518
发行：中国林业出版社
印刷：北京利丰雅高长城印刷有限公司
版次：2017年6月第1版
印次：2017年6月第1次
开本：170mm × 240mm　1/16
印张：14
字数：150千字
定价：128.00 元

目录

CONTENTE

001/ 光体验会所

项目名称：光体验会所——企一照明
项目地点：广东省中山市
项目面积：400平方米
主案设计：王鸿斌

设计师在设计手法上已充分摆脱现有此类空间展示中的中庸与传统模式，以独特的思维视角诠释不一样的*LED*照明灯具展示销售空间。

室内协调统一的设计风格，大气、沉稳、高档、雅致，既有传统气质，又散发南欧情调。光的设计运用是本案的精神所在。

在空间上采用独特分区，室内设有专门的国内专卖店形象展示，采用自然灯光分隔各个功能划分，创新、独立。

在建筑外观的设计上，采用铝单板挂片线条，面喷玫瑰金氟碳漆，形成以线成面的构成。室内环境沿用油画框线条形成独特风格特点。

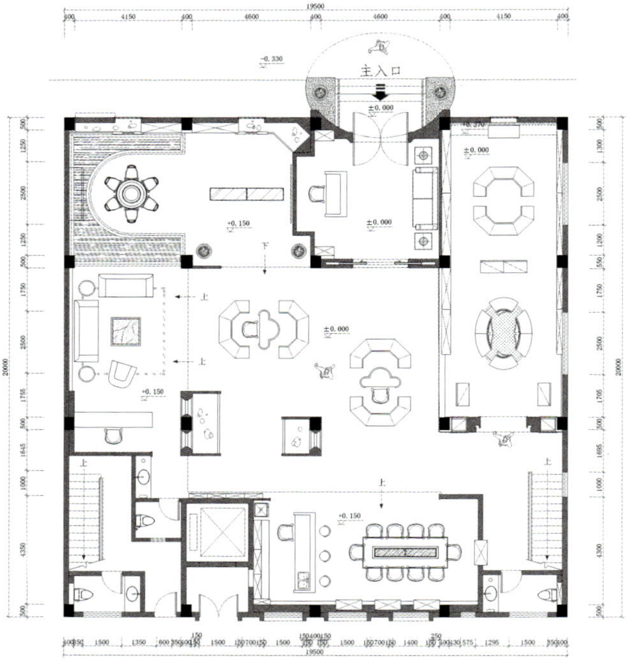

平面布置图

KEEY

KEEY

KEEY

KEEY

002/ SOTTO SOTTO

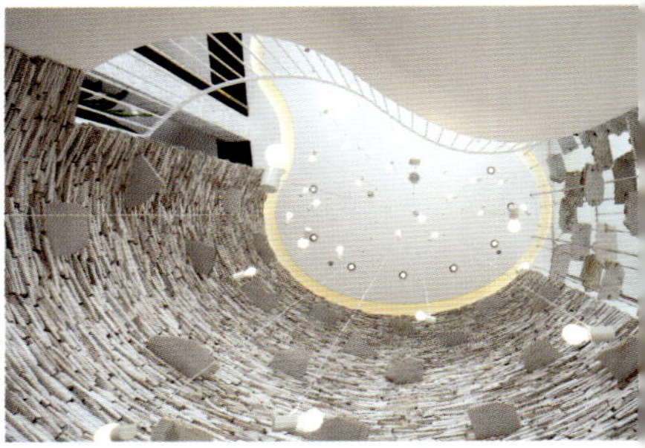

项目名称：外滩SOTTO SOTTO
项目地点：上海市
项目面积：1400平方米
主案设计：刘飞

SOTTO SOTTO地处黄浦江畔，位于一片老仓库片区，这是被人们称为老码头的地方。十六铺、李鸿章、青帮巨头黄金荣、杜月笙、中国船王卢作孚、民生公司……这些概念组合在一起成就了老码头的历史底蕴。这里曾是上海最繁华的货运港口。如今SOTTO SOTTO选址这里，希望在这里为人们营造一种新的生活方式及购物体验。这里集奢侈品购物，咖啡休闲，红酒雪茄。艺术品欣赏拍卖，更将结合原创家居品牌。是倡导一种全新的购物体验及家居生活方式的休闲场所。

经过购物区来到咖啡区，品上一杯咖啡，看江上船来船往、任江风穿过发丝、畅想昔日之繁华。消磨午后的下午时光，是多么奢侈的事情，也是对生活有着要求的人们才愿意去做的。

在这片老仓库中，设计中以对老建筑的尊重和保护为前提。将老仓库的可识别性与历史感和新的环境结合起来，努力实现城市建筑的可阅读性，设计师认为，城市老建筑应该像文学一样，是可以阅读的，阅读她的历史和意韵。所以这是无关乎风格，所能看到的是裸露的原始梁柱、墙面。这里是让快节奏生活停下来的一个场所。在轻松的购物环境下，可以回顾从前、现在、将来。这里有的只是记忆——老建筑的记忆，所处时代人们的记忆。老木板、铜片、老建筑的梁柱的存在只是为了提醒人们在这个诗意的空间中找到自我，体验一种新的生活方式。

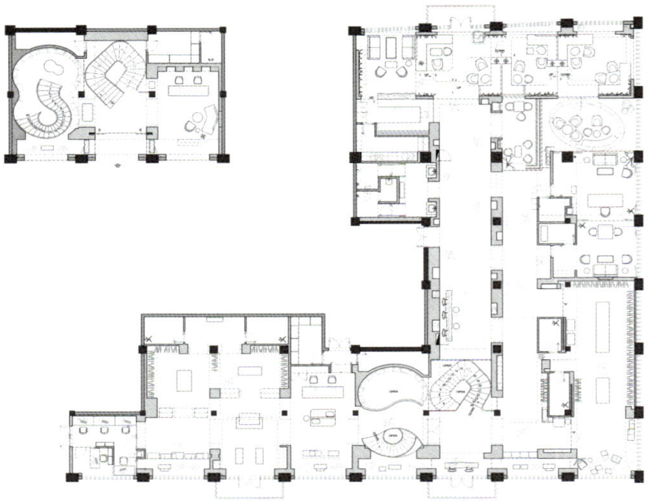

平面布置图

003/ 乌篷檐下

项目名称：乌篷檐下
项目地点：江苏省南京市
项目面积：130平方米
主案设计：金海洋

本案作为目前同类物业中唯一一家以东方文化为主题的设计，不恪守传统，通过大量回收木材及回收钢材的运用，旨在表达甲方的环保态度和设计方坚持“材料为设计之源”的意图。

空间布局的灵感源于浙江乌镇的手工作坊，设计师在通过对传统中国式生产生活空间或厂房的模拟，营造出一种以传统为基调并加入时下*loft*时尚元素的创意空间。

本案所有装饰主材均来自设计师自己收集的老房回收木料及回收钢材，这既是设计师坚持“材料为设计之源”的初衷，也是设计师对于“环保”一次的理解和表达。

硅藻泥·海贝泥

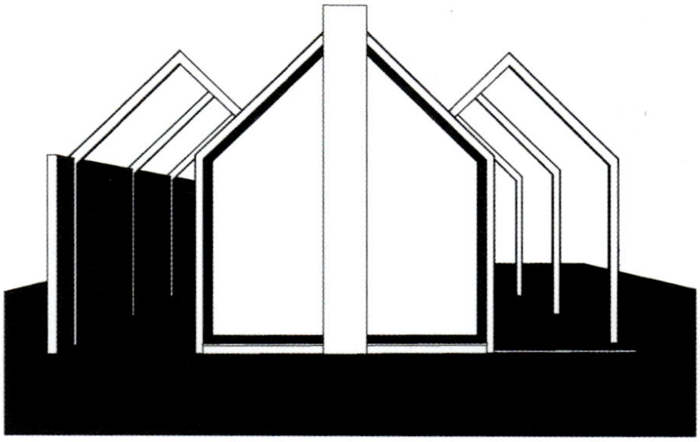

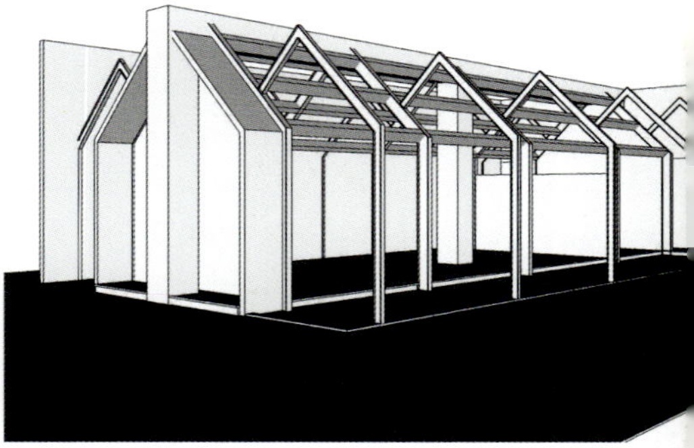

立面图

004/ 创世方舟

项目名称：创世方舟
项目地点：台湾台北市
项目面积：925 平方米
主案设计：任萃

*NeoWest*座落于节奏明快的西门钉，大楼以帆船造型傲然独立，设计师以内外呼应为要，撷取了意念打造方舟停泊。前往方舟之道上以木栈道铺设，似一亲切邀请，而又隐约窥见楼中电气飘游。

四方柱体覆材明镜，铄铄反射熙来攘往的摩登现代，人漫溯其中若悠游水中与光嬉闹，流溢光彩的*LED*灯条投影明镜绚烂似电掣、似虹碎裂于这金黄的浪，寓以美好给予景仰。

一入内即被天花流离炫目的*LED*灯条攫住目光，蜿蜒水纹环绕，似梦似幻，又如雷霆，似彩虹碎影倒映在水面波光粼粼，屏住呼吸上望，发觉竟已在方舟船底浅水处。

而手扶梯开口以木造方舟船底引领，黑白分明的流明照明结构彷若船舱舱体，扶昇手扶梯前往，踏上地面，霎时发现铜条纷乱潜伏在洗石子地面，虹的折影此刻在这深水与浅之间时而呼应时而远离，水中折射了虹的多彩，浮金暗影映在洗石子地面，洗石子地面深浅划分，是这水上方舟卓然的恍惚牵影。

B3

電梯
ELEVATOR
緊急出口
EXIT
WEST
3

EXIT
neoWEST

4
千本拉麵

neo
WEST

005/ Attos爱徒

项目名称：Attos爱徒
项目地点：上海市南京西路931号
项目面积：430平方米
主案设计：任萃

以前瞻性之空间设计，引领高端奢侈品做复合品牌的个人搭配服务。故空间颠覆以往奢侈品品牌的规矩布局，并带领环保概念。

本建案位于百年建筑之一、二楼，外观为典雅英式风格，内装为前卫新颖的雕塑性空间。两者对应下的新旧交融，同时吸引迷恋古迹及现代风格之不同客层消费者。

以圣经的创世纪作为空间动线主轴，依商品属性不同，随着故事节点，创造不同视觉陈列高峰。利用废弃船板、二次利用之空运箱体——刨花板，作为保卫地球的回收装饰材。

带来奢侈品更新的空间创造观念。奢侈品，除了用高档材料的演绎空间之外，平易近人的回收材料更容易把温度带给消费者。

006/ 阿哆诺斯蛋糕店

项目名称：阿哆诺斯蛋糕店
项目地点：浙江省温州市欧洲城
项目面积：100 平方米
主案设计：葛佳亮

高档住宅区和购物区非常显眼位置的一家欧式蛋糕店，定位中高档。

高而宽敞的格局就让人心情舒畅，双圆形的吊顶设计，简约又富有层次感，颇为大气。米黄色的基础色调配以咖啡色系的货架，浓郁的烤培气息飘香而来，橱窗设计采用灯光变化，错落有致的摆放，勾起人的购买欲望。

在这个空间里设计师运用了油画、壁炉、毛石去烘托整个店内的气氛，使客人一进去就会被整个氛围所感染从而达到购买的欲望。在大厅蛋糕展示柜旁是天然的毛石墙面，红砖砌的壁炉的搭配，自然联想起欧洲电影的画面——欧洲乡村的老主妇在厨房忙着烘培面包招待远方的客人，烘托出整个卖场的气氛。

安全出口
EXIT

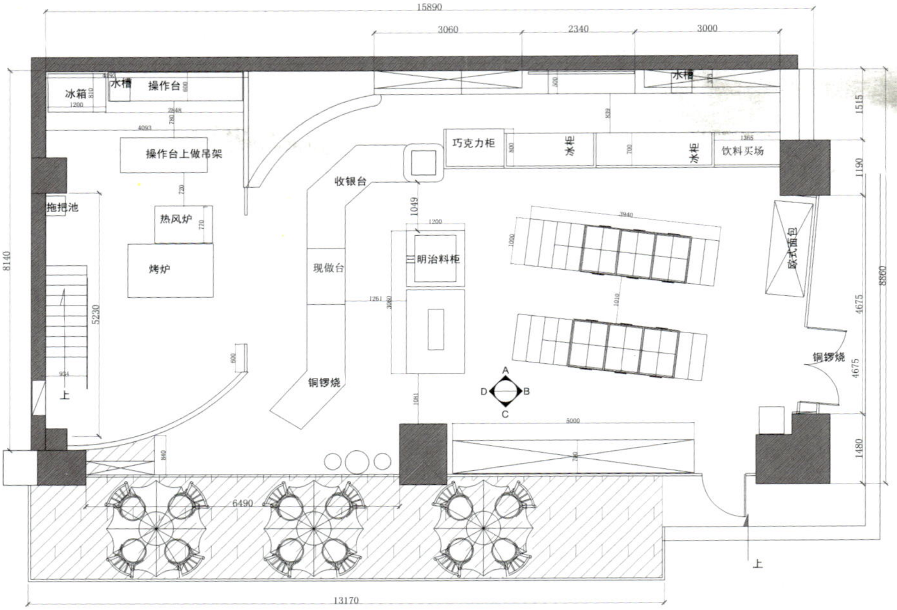
15890
3060
2340
3000
冰箱
水槽
操作台
1200
2848
4093
水槽
1515
巧克力柜
冰柜
冰柜
饮料买场
1365
1190
操作台上做吊架
拖把池
收银台
1049
1200
三明治料柜
热风炉
烤炉
现做台
3940
1010
欧式面包
8140
5230
8860
4675
4675
1261
3080
铜锣烧
铜锣烧
934
上
A
B
C
D
1081
5000
1480
840
6490
13170
上

平面布置图

007/ 国誉家具商贸

项目名称：国誉家具商贸上海旗店
项目地点：上海市
项目面积：1130 平方米
主案设计：佐藤航

本项目获得了美国环境认证*LEED*金奖。照明灯具采用*LED*照明设备，部分采用了感应式照明设备，节约了*20%*的用电。并且，在节水、节能方面也达到了*LEED*的金奖标准，实现了大幅度节能，减少了环境负担。此外，结合本地特色，采用了上海特色材料青砖作为整个空间的一部分，体现与当地环境和谐共处的设计意识。

在“层”的概念下，沙龙、画廊、设计中心、产品塔各自作为一“层”，拥有各自的功能，同时这些“层”与地板、展示台、楼梯、天花板构成了整个展厅空间。相较于一般的空间，有着高低差的空间可以从*360*度的视野看到产品以及展厅中的活动。因此，那些容易被忽略的细节也可以被全方位的感受。总之，随着“层”概念的展开，并不仅仅局限于文字所传达的信息，更可以体验到产品的魅力和企业的文化，自然的且多角度的传达国誉的品牌实力。

展厅设计高度融合了现代感和自然性，其目的是建立一个可以自然唤起情感的体验型空间。因此，在选取材料的时候，使用了混泥土、炼瓦、丝绸和烧衫等自然材料。

008/ 方所书店

项目名称：成都方所书店
项目地点：四川省成都市锦江区春熙路街道中纱帽街8号
项目面积：5580平方米
主案设计：朱志康

对于做设计的人，一辈子能够做一件对社会有贡献的项目，是非常了不起的事情。所以当方所找到他时，双方便毫无疑问地确定了合作意向。

在专案初期，没有人知道成都方所该是什么样子的，业主只提出希望与成都有关。为此，朱志康团队做了细致的调查，发现了大慈寺与唐三藏的关联，包括四川人对“窝”和“摆”的情感。中国人早在千年前就为了寻找古老智慧而不辞劳苦，获取经书。而经书和书店都是智慧的宝藏，所以就联想到藏经阁。书代表着高深的无法想像的寓意，所以便有了圣殿般的庄重。四川人生活闲适，喜爱交流，因此便有了随处可以看书的小空间和咖啡交流的场所，分别对应的就是“窝”和“摆”的生活态度了。

对设计师来说，每一次的设计都是创新，这不仅是兴趣所在，也是他一贯设计的手法。因此，藏经阁的想法便已是满心满意的倾注。当完美主义遇到梦想家，事情变得充满挑战。在藏经阁的基础之上，朱志康认为，书应该收纳古今中外的历史和智慧，根植于人类已知的世界，求索未来。所以在整个空间里运用了星球运行图、星座元素来增加浩瀚的宇宙视野。同时，为了注重人在其中的感受，形成沧海一粟的巨大对比，增加了陨石造型的方舟雕塑，以及高压后释放的手法，让人体会通过神秘隧道进入时空的感动。从100分到101分，这1分才是完美的最好诠释。

設計推薦
DESIGN
bauhaus
WA

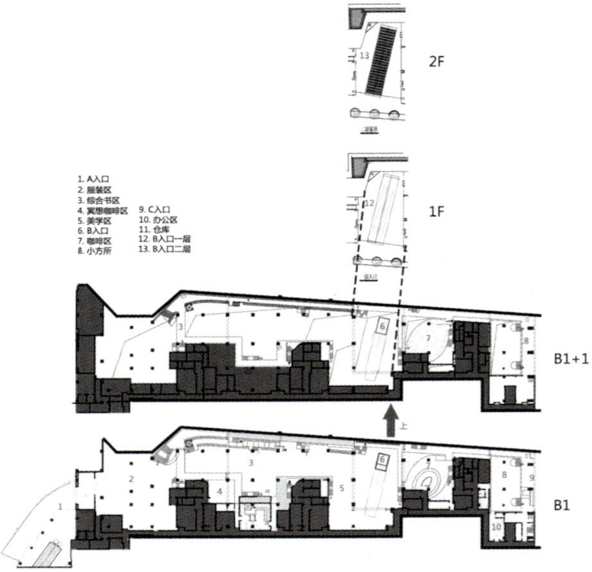
1. A入口
2. 服装区
3. 综合书区
4. 冥想咖啡区
5. 美学区
6. B入口
7. 咖啡区
8. 小方所
9. C入口
10. 办公区
11. 仓库
12. B入口一层
13. B入口二层
2F
1F
B1+1
B1
上

平面布置图

009/ 素颜旋律

项目名称：素颜旋律-lucky wine生活馆
项目地点：广东省佛山市
项目面积：200平方米
主案设计：杨铭斌、李嘉辉、何晓平

本案主题名为“素颜”，大自然的素颜，如此漂亮的面孔，是客人赋予的一份生机。高低起伏的造型，犹如音乐的旋律，在各种乐器的演奏里，让素雅的场景灵动起来。客人走进店里，就感觉到酒在容器里摇动的情景，嗅觉、视觉、听觉触动身体，让客人在这里产生一种新的购物空间，另一种购物感觉。

COMTE DE DURBAN

010/ 慕思总部展厅

项目名称：慕思总部展厅
项目地点：广东省东莞市
项目面积：3000平方米
主案设计：陈飞杰

此次的门店设计定位区别于过往既成的习惯性商业店铺模式，摈弃罗列式的呆板卖场，设计为集合慕思产业文化及产品“体验式”销售的综合展示空间，便于客户在此接受来自于慕思全方位的渗透服务，塑造客户真实的感官体验及充分的心理认同。

我们认为，好的商业环境设计一定是满足商业运营特点及投资回报率的设计。因此，在本项目的设计中，我们将建筑设计语言、慕思企业文化、销售产品流程以及投资回报率做了充分的结合，使其相互促进、相互依存，成为紧紧相扣必不可少的一环。

慕思总部的第一层设计为多媒体演示触动体验层：功能上特别设置了洽谈演示区及新产品推广发布区，以多媒体的全新视角给来访客户第一时间的感官触动体验。

项目第二层为度身定制式的智能化体验测试层：将意大利“以人为本”的人体工程学设计风范和瑞士严谨的工艺制造精神展现得淋漓尽致。

项目第三层为立体“3D”式的睡眠体验空间：打造出七种适合于不同年龄、职业、性别的睡眠空间（成熟女性、中产骨干、高端精英、时尚新贵、儿童、酒店及专业床品专区），让客户体验到对其自身生活方式的认同与归属感。

de RUCCI
慕思
健康睡眠

de RUCCI
de RUCCI
慕思

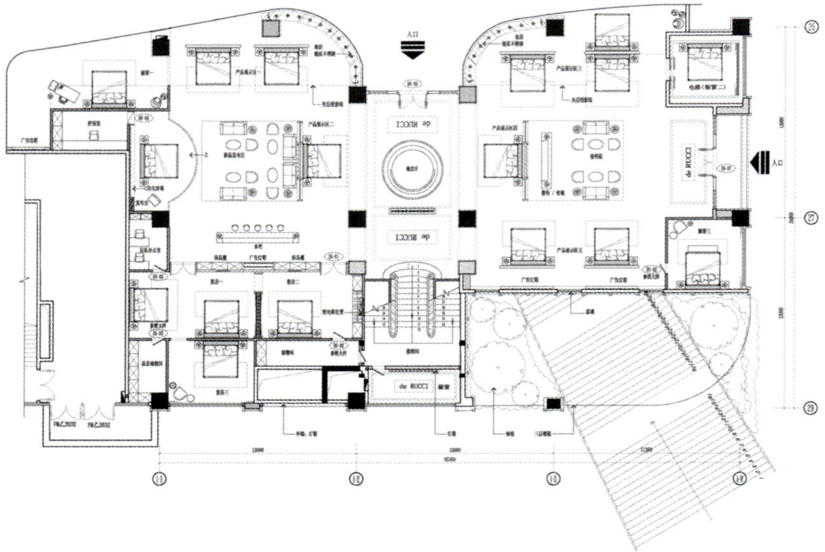

一层平面布置图

睡眠系统
健康睡眠
de RUCCI
LTHY SLEEP
“量身订做”

de RUCCI
de RUCCI
HEALTHY SLEEP
TASTE
CENTER

de RUCCI

011/ 永利奢侈品店

项目名称：永利奢侈品店
项目地点：江西省南昌市
项目面积：600平方米
主案设计：蔡进盛

永利名品汇落户在南昌春晖路CBD的核心区域，定位高端时尚、优雅，在日新月异的城市变化中，奢侈品让更多都市人感受到一份高端品质生活气息，名品店在空间设计上会渲染出更多专属的优雅华丽气质，让每一位顾客在雅致的购物环境中选购自己的喜爱之物。

本案整体十分开阔，细节之处更见真章。整体基调以偏冷明快色调为主，主要是为了凸显名品汇的高贵优雅，而又不失亲和力的理念。复古感强烈的仿古砖与高贵的实木家具搭配在一起，营造出复古怀旧的空间氛围。主要设计理念还是遵循产品本身所寄托的新贵这种理念，突破传统，优雅中更显时尚。追求一种简洁雅致，避免繁文缛节的设计。

整体设计以欧式为主旋律，依然会加入一些其他的设计元素，譬如，在展示区使用中式镂花隔断进行空间分隔，即美观大方又通透，用以引导流线划分。除了使整个空间的划分更加明确和简洁，大气的设计也吸引顾客穿越长廊，通向里面的时尚殿堂旨在以优雅和时尚来凸其新贵所在，男士服装展示区相对于男士展区相对更加简洁但又不失尊贵。

简洁设计使得空间更显时尚优雅。为寻找各式高质生活品质的顾客提供了愉快的购物体验，大至整体布局，小至家具摆件，均以优雅的姿态呈现。

营业中
OPEN

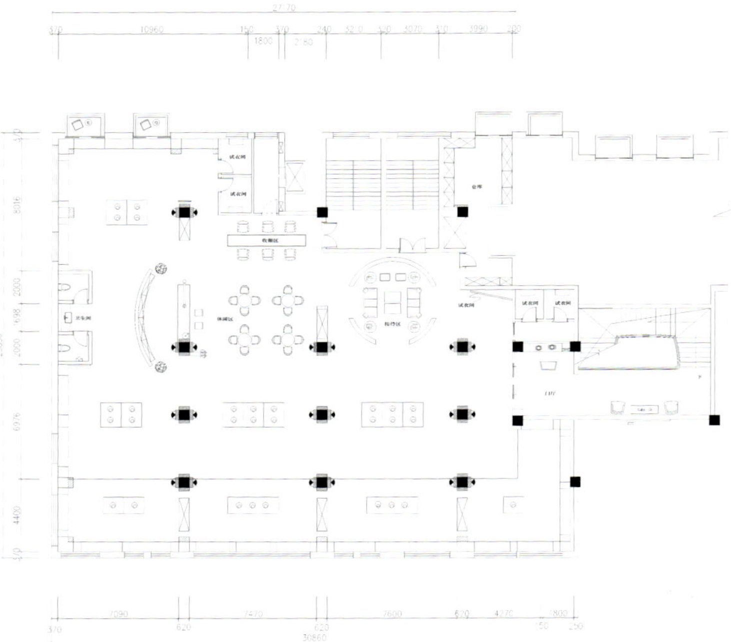

平面布置图

O12/ 金吉泰光之廊

项目名称：金吉泰光之廊
项目地点：江苏省泰州市
项目面积：70平方米
主案设计：林琮然

*JITAISAPPHIRE*实验店，空间延续品牌意念，试图创造永恒且独立的极简感受，建筑师与*JITAISAPPHIRE*男装总监对话，提出了光之廊的概念，研究八心八箭又名邱比特车工，把钻石的切割比例解构为空间的密码，让代表邂逅、钟情、暗示、梦系、初吻、缠绵、默契、山盟这八个美丽意境与空间结合，产生蓝线分割空间以表达那男人最美丽的承诺，线条在空间内飞舞展出了几何构线，配合服装呈现出三度立体陈列观感，再由地面切分出的水泥多角块体，制造出高低有致的中岛与服务台，完美表现空间多重视觉的变化性，开创服装店一种经典与时尚的美感。

空间内用色简约，质朴的水泥灰与宝石蓝组成一前卫视觉画面，自然切割线条构成的空间藏有中国老子的东方哲学，不绣钢管所包藏光芒，如同老子所说的暧暧内含光，粗中带细圆中带芒的设计，使得店面粗犷中带有着细腻的韵味。“超现实的光之廊，由蓝与灰构成，满天光芒的线，展现出神秘的宇宙。”林琮然解释那巧妙的光点运用，给予空间不一样的气氛感受，白天时，存在空间中的线条是一种结构与分割之美，而晚上时渐入一种星芒梦幻气质，午夜城市休息时，则会出现泰州最美妙的夜间橱窗，如同星光点点般的超现实，有幸移步店中，更由于视角和角度的变化，圆管的光芒会随着脚步产生忽明忽暗的奇幻视觉变化,简单的点、线、面完成一家店面的星空效果，光点由三角组构成如星座般连接的立体面，让人串起古今中外浩瀚银河的想像，使得仰望变成一种诗意的空间表态，让*JITAISAPPHIRE*深具戏剧性效果。

JITAISAPPHIRE
EST. MILANO 1998

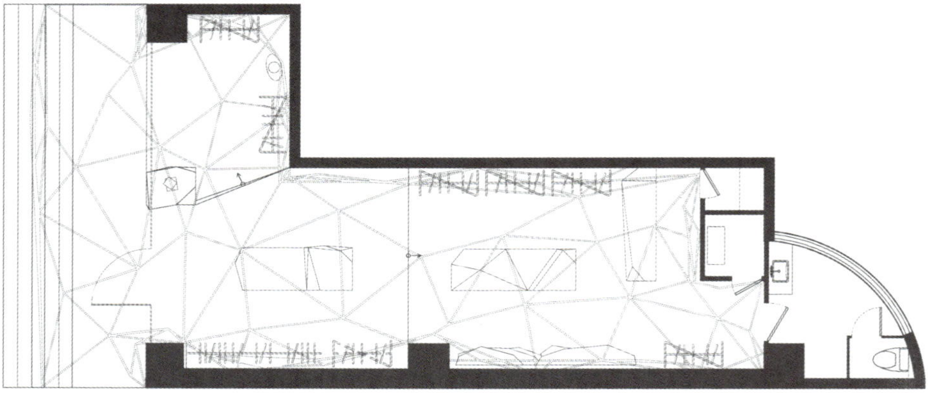

平面布置图

JITAISAPPHIRE
EST. MILANO 1998

O13/ 野兽玫瑰

项目名称：野兽玫瑰
项目地点：上海市淮海路
项目面积：45平方米
主案设计：陈二琳

本案为于上海淮海路上的*IAPM*二楼。面积为*45*平方米。其性质为花店。这次的主题为狐狸先生的花店。

主要的用材为铁板和铜条。在铁板上安装细细的铜条，在视觉上感觉有点细节，而不仅仅是单一无趣的大铁板。颜色上采用了类似*Tiffany*蓝的一种色调。给人一种高贵、典雅、时尚、高端的感觉。并在顶上手绘了一朵大大的花给本案带来了强烈的视觉冲击。

在风格上采用简欧的形式，运用了一些简洁但又不复杂的线条来增添本案的色彩并在决定线条的前面我们经过几次反复的打样来保证其在视觉上的美感。周围是一些看上去凌乱却有着秩序的花和植物，让人有种身处于花园的感觉。让人在店中感觉到是一种舒适、放松的购物环境。

在灯光的采用上，因为是花店，需要体现是的花的色彩，因此我们采用了大量光源为*MR16*的灯具让周围的环境柔和不会抢到主角的色彩，在局部的地方增加了一些*par30*的金卤灯使整个店面不会特别暗。

BEAST
LIFE IS A ROSE, BEWARE OF
THE THORNS.

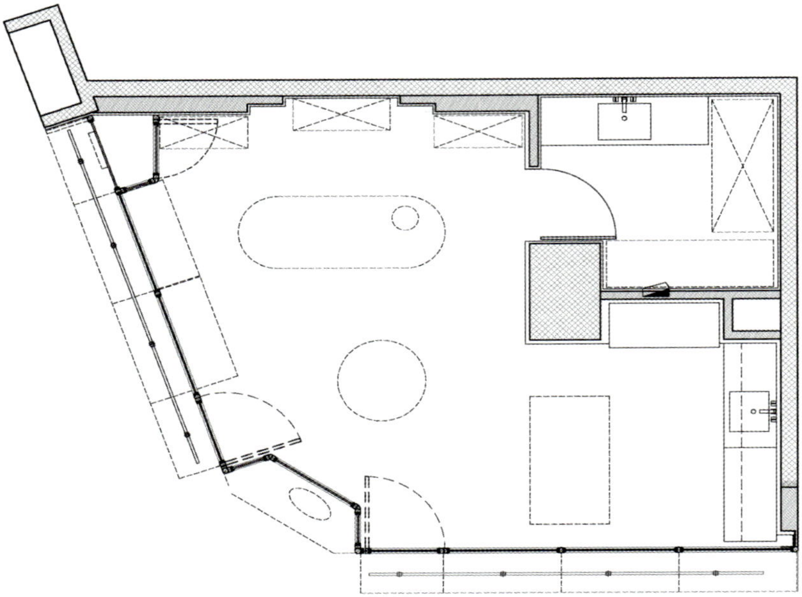

平面布置图

014/ 香港潞施集合店

项目名称：香港潞施集合店
项目地点：广东省佛山市
项目面积：80平方米
主案设计：唐列平

本案例位于佛山繁华的市中心地带，重在塑造香港潞施集合店的品牌形象。

专为时尚、高贵、典雅的女性量身订造有个性的穿着。多元化的设计风格，零星的色彩元素搭配，各色衣服，鞋子，手提包的穿插展现，自由的流露在环境当中，以外放的魅力淋漓尽致地突出现代女性柔媚典雅的美。

字母“S”，唤起了人们对女性优美身材的遐想。设计师希望通过空间设计突出现代女性典雅的美感来表现潞施（NOUS）集合店的品牌形象，打造各种现代元素整合而成的概念空间。

设计师的灵感就来自于女性对美的追求和女性的感，使用了玻璃、不锈钢、大理石、木皮、布艺等材料订制的艺术灯饰以多个“S”形状曲折折迭而成，以中轴作为空间切割，层层递进，每个面的组成，都基于空间光线的延伸，与镜面的运用结合起来，丰富了空间的层感。

O15/ 筑韵厨具展售门市

项目名称：筑韵厨具展售门市
项目地点：台湾台中市
项目面积：298平方米
主案设计：陈建佑

本案能够讲究吃的艺术，是需要藉由长时间累积而来的一种文化素养，当面对美食已有强烈执着的要求，对于烹调料理空间——厨房的重视，自然也不言而喻；从此为起点，进而延伸至整体居家、甚至是个人的生活品味，则相对地互有连贯且有迹可循。让消费者更懂得营造好生活、享受好生活，正是设计者的使命。

空间的架构以层递性作为缩放，在建筑的空间范畴内，将灯光系统、空调系统、音响系统、机电系统整合贴附于建筑物的内在皮层，就像厨具嵌入家具的概念一般，让所有系统自然地与空间融为一体。其次，置入厨具的尺度，以系统化的数据转化为独特设计与配置自由的*LEICHT*美学，强调空间安排的逻辑性与便利。

为了一个销售门市能快速地投入到市场营运，在本案中选择大量使用木纹面美耐板，除了可减少油漆施作时的污染，达到环保的效果，使施工的时间减短，其耐火的特质更增加了安全性。

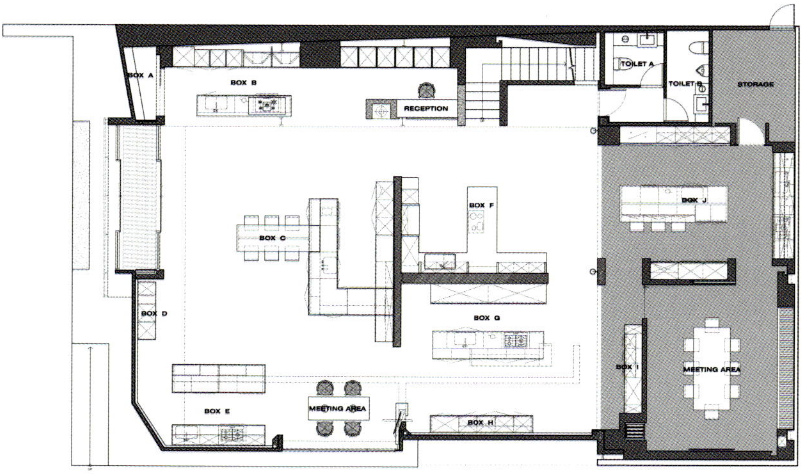
BOX A
BOX B
RECEPTION
TOILET A
TOILET B
STORAGE
BOX J
BOX F
BOX C
BOX D
BOX G
BOX I
MEETING AREA
BOX E
MEETING AREA
BOX H

平面布置图

LEICHT

016/ 泡泡艺廊

项目名称：泡泡艺廊
项目地点：广东省深圳市
项目面积：340平方米
主案设计：毛桦

位于园区一栋旧厂房一楼的泡泡艺廊，是一家以国际现代设计为焦点的设计艺廊，展示了全球众多极具创意的设计品牌。

空间整体布局由数个“小房子”为主体，它们都从传统的斜顶民居造型变化而来，却形态各异。第一个小房子是入口正对的接待及办公区，隐藏式酒柜、高脚凳，营造出家庭式的亲切感。进门左侧，另外三个小房子性格迥异：“水泥房子”原始粗糙；“原木展厅”自然通透；“白色客厅”高贵精致。不同形状、不同肌理、不同质感的“小盒子”，通过不同品牌的家具产品搭配，营造出不同的场景，产生强烈对比的戏剧化体验效果。每一个“小盒子”相对独立但并不闭合，设计师充分考虑到了空间的层次感，也保证了动线设计的流畅性。

相比场景化空间设计的整体感，入口右侧陈列区设计则更加开放和灵活，不同品牌在这里释放着自己的性。陈列区设计中“强烈对比的戏剧化效果”依然在续。用于陈列各式经典款座椅的展架，其基本元素是最糙的脚手架，但设计师将其表面做了细致处理之后，它现出来的质感是精致的、品质的，低调而优雅地承载着球各设计大师的经典作品。

考虑到原建筑的工业特色，艺廊室内空间继续保留旧式厂房的痕迹，裸露的天花、横梁和金属管道，涂刷黑色，别有一番艺术氛围。与之相契合的是，门头的设简单中带有深意，白色铁质的“*PP*”两个字母随意地垂绿植之上，与旧厂房的建筑外观完美融合。

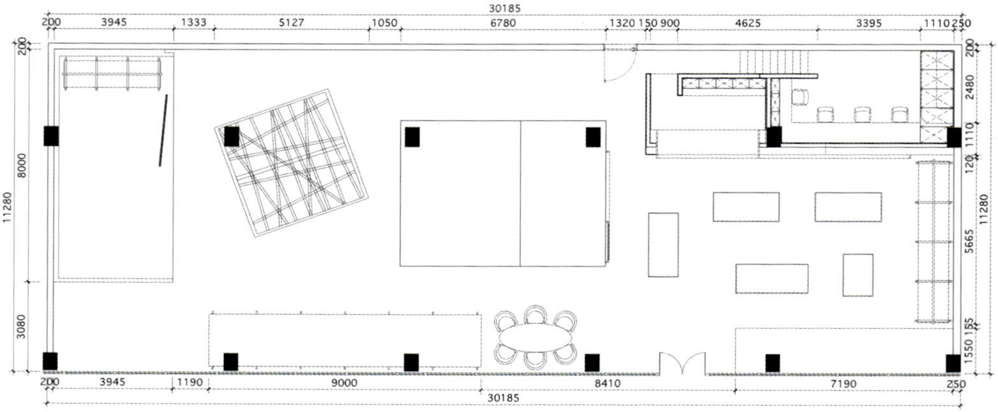
30185
200 3945 1333 5127 1050 6780 1320 150 900 4625 3395 1110 250
200
8000
11280
3080
200
2480
1110
120
5665
11280
1550 155
200 3945 1190 9000 8410 7190 250
30185

平面布置图

Dixon

017/新世纪食品城

项目名称：新世纪食品城
项目地点：上海市
项目面积：5000平方米
主案设计：平野裕二

精品超市和餐饮店业态相结合，打造一站式服务，作为目前上海最大购物中心的主力店，解决不同顾客的饮食需求。

采用《圣经》创世纪初伊甸园的“生命之树”为主题，采用传说中吃了生命之树果实可以长生不老的美好寓意。设计创意主题性强、意义深刻，以食品城项目做概念非常贴切。

根据业态主动线分区明确，通过巧妙设计的手法，不同业态间相互交融，达到大空间的整体设计统一。采用大量玻璃砖、水晶装饰条、玻璃装饰贴膜配合渐变色LED照明，最大限度营造通透梦幻的场景气氛。

DRIED FOODS

MEAT
59

HOUSEHOLD
NECESSITIES

保健品 HEALTHPRODUCTS
极草
WELCOME

WINE
FengShan Tea

018/ 狮丹努集团展厅

项目名称：宁波狮丹努集团面料展厅
项目地点：浙江省宁波市
项目面积：300平方米
主案设计：卓穌萍

应对当下面料市场的创新和品质需求，塑造一个纯粹、时尚、具有科技感的面料展厅，展现其节能环保、时尚创新、高科技高品质的产品，整合资源，发挥优势。通过设计、研发、整合推广，提高品牌影响力。作为极具设计感的面料展厅领跑者，独占市场制高点。设计以产品原料、产品展示为主题，在设计中突出展厅的“现代、经典、创新”。在设计表现手法上采用原创的理念，通过动态和静态来展示企业的产品形象。

橱窗展示：延续面料展示的主题，采用彩色隔断，使空间富有张力，极具设计感。

三个创意场景展示：① 创意场景展示一：出样通过长岛台和圆管喷碳灰色金属漆面料，丰富面料展示形式；② 创意场景展示二：此空间是成衣和面料的综合体出样。设计通过不同方式的陈列柜组合，顶面采用爱迪生灯泡装饰，形成天地合一的感觉（深灰色、原木色、白色、暖光）；③ 创意场景展示三：可以说是展厅出样的尾声也是中间部分，他的展示背景是一个精彩的动态画面墙，所以场景展示三的道具整体性非常强，但不失细节。

服装道具展示：延续创意场景展示一和展示二的元素，采用原木色及圆管碳灰色组合成道具。

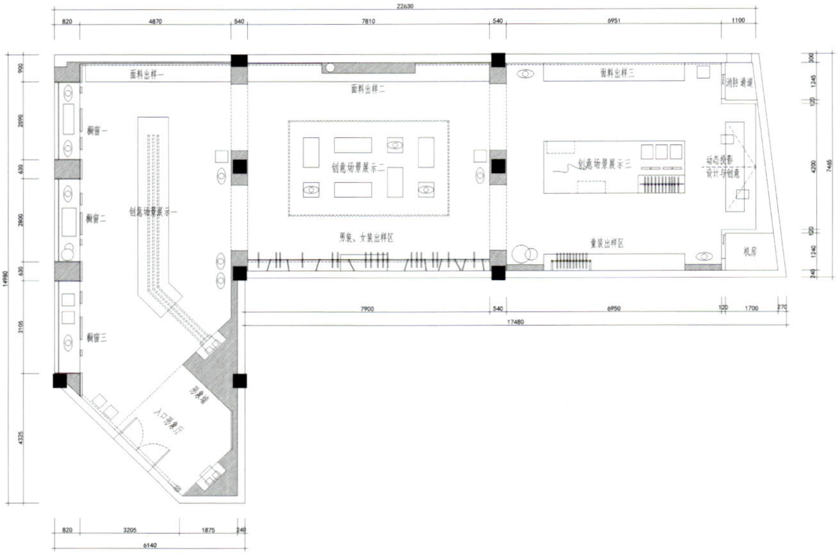
面料出样一
面料出样二
面料出样三
消防 通道
橱窗一
橱窗二
橱窗三
创意场景展示一
创意场景展示二
创意场景展示三
动态投影
设计与创意
男装、女装出样区
童装出样区
机房
形象墙
入口形象厅

平面布置图

seano

019/ 芝度法式烘焙坊

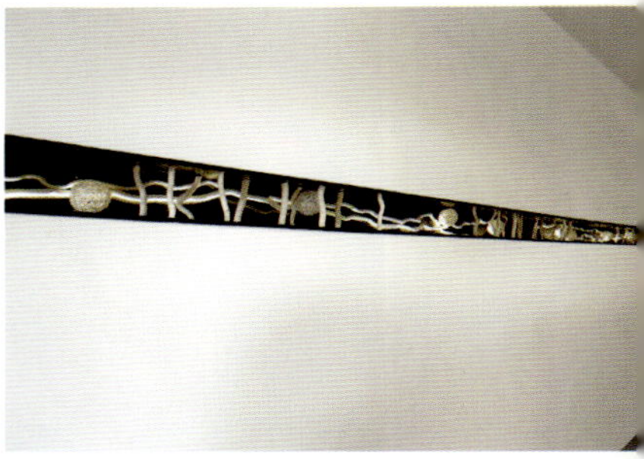

项目名称：芝度法式烘焙坊（建政路店）
项目地点：广西省南宁市
项目面积：70平方米
主案设计：徐代恒

芝度的品牌定位是中高档的蛋糕店。因此设计师以精品店的品质来打造蛋糕店，每个店的设计风格都不尽相同，但都各有特色，各有惊喜。设计师以*LOFT*风格为主打，希望在闹市中打造出一处回归自然的宁静。

在狭长的空间中，既要满足货品的摆放又要保留足够的活动空间供顾客走动，并非易事。设计师此次把壁灯和货架组合到了一起，很好地利用了有限的空间解决了照明功能与放置功能，并使整体效果事半功倍。

本案大面积使用水泥材质与白墙，一改传统蛋糕空间的风格，看似硬朗而冷酷，但加入了实木面板，这些材质的强烈对比让空间性格更为鲜明，更为独特。

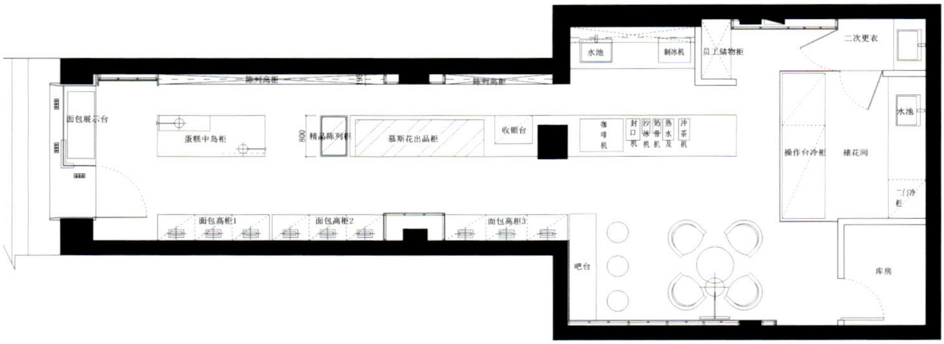
水池
制冰机
员工储物柜
二次更衣
陈列高柜
陈列高柜
面包展示台
蛋糕中岛柜
800
精品陈列柜
慕斯花出品柜
收银台
咖啡机
封口机
沙冰机
奶昔机
热水及
冲茶机
水池
操作台冷柜
裱花间
二门冷柜
面包高柜1
面包高柜2
面包高柜3
吧台
库房

平面布置图

020/ 古纳瓦拉酒庄

项目名称：古纳瓦拉酒庄
项目地点：江苏省常熟市
项目面积：228平方米
主案设计：周才涌

古纳瓦拉酒庄位于世茂商业区，本案的设计概念是在人，空间，产品之中寻找出一种互动，彰显产品的视觉效果。

以深厚的文化底蕴，结合欧式的典雅及贵族的气势，让您在品酒之余，也能领略到酒庄的独特风采。享受古纳瓦拉葡萄酒至真至诚的高贵品质。

平面布局以椭圆形为中心流畅的线条划分接待区、展示区、洽谈区、精品展览区等功能区，透过精细设计，动线相互借景串联，巧妙地形塑出各区视景的绝妙构图，如二层精品区透过挑空的大厅呼应展示柜，营造出若影若现的空间层次，呈现虚实交错的神秘感以及完全私有的专属感。

信步走进高5.1米的大厅，一个巨大拱形造型的葡萄酒展示柜，一气呵成高耸入天花，给人一种气势磅礴之感。

021/ MEMO FASHION

项目名称：MEMO FASHION & SPA
项目地点：台湾桃园市中山路
项目面积：35.8平方米
主案设计：沈志忠

将服饰、*SPA* 两种不同性质的空间，以材质、光线、视觉等设计手法，将两者接续为手法， 将块体连接作为立面墙的设计； 展示柜是将一块块平面的环保板材逐一的拼凑组装设计， 使其具立体效果。衣架则用“针线”的意象， 以具流动韵律感的线条镶嵌于质朴粗犷的白砖墙上，让每件服装像艺术品般的被一一陈列出来。循着视线延伸到了*SPA*区， 墙面上特殊漆， 以作为隐性的接续介质， 廊道以间接光， 让空间多了轻盈感。

在材质上， 以仿岩砖、木头、黑镜等较为自然的素材营造质朴， 使得整体空间的动线、风格等有了相互应和的串流，也轻轻挑动了人体对深层舒适的感官需求。

022/ 自在复合书店

项目名称：苏州自在复合书店
项目地点：江苏省苏州市
项目面积：1300 平方米
主案设计：ASMA HUSAIN

自在复合书店是凤凰传媒打造的新的独立书店品牌，位于苏州凤凰文化广场，融合出版物、文创产品、咖啡、传统手工艺品，是一个全新、创新的文化场所。

凤凰苏州书城阅读区。繁华竞逐地，唯心清宁。阅读无忧，运筹帷幄。

取名“自在”，顾名思义一切按照自己的心意，可以安静地看书，悠哉地闲逛，或者坐在窗口品味一杯咖啡，都是一件惬意的事情，坐在窗口就可以望见星海广场至湖滨广场的众多高大建筑，在这种氛围下，感觉安静舒适。

书店内部书架、书柜、家具、桌椅均采用原色木制品，在品味书香的同时给人清新自然的感觉。

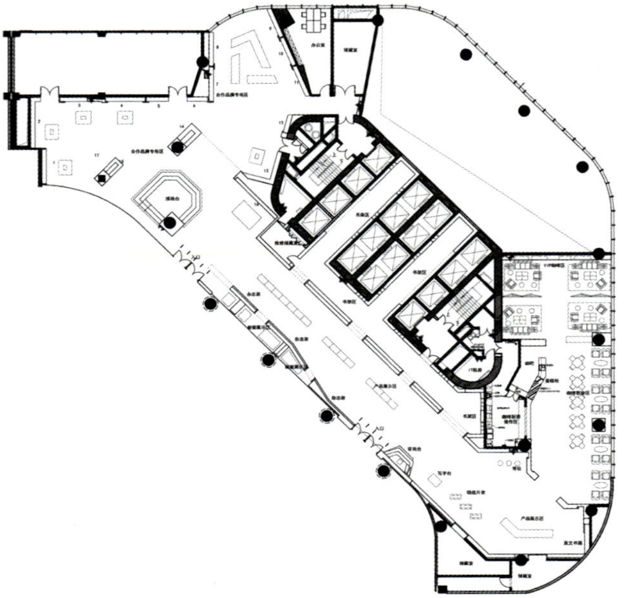

平面布置图

023/ 意希欧服饰展厅

项目名称：意希欧服饰展厅
项目地点：浙江省杭州市
项目面积：2000平方米
主案设计：毛维新

该品牌女装时尚、简洁而优雅，为了体现它的韵律，展厅内以圆弧的造型和柔美的线条诠释了该品牌的理念，为客户营造一种时尚韵律的购物氛围。

展厅内不管是立面还是顶面的造型都采用了优美的曲线来表现，四周的立板简洁时尚，和其他造型相互衬托。外立面门头鲜艳的黄色，能让顾客眼前一亮，弧形的入口更能打动和吸引路过的顾客。

在材料的选择上也是颇有新意，顶部的黑镜能提高展厅的品味，反射又不会过于强烈，影响视觉的感官体现韵律与时尚感。金箔、银箔纸的使用让橱窗及整体感更加精致与时尚，整体色彩以米白色为主调以体现空间的明快与时尚。

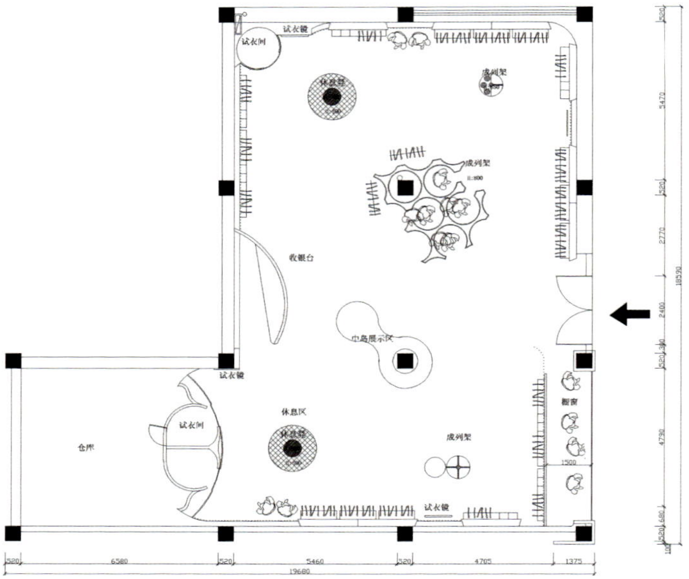
试衣镜
试衣间
成列架
收银台
中岛展示区
试衣镜
休息区
试衣间
仓库
成列架
橱窗
1500
试衣镜
520
6580
520
5460
520
4705
1375
19680
520
5470
520
2770
2400
300
520
4730
680
520
18590

平面布置图

EWOT

024/ CARLO atelier

项目名称：CARLO atelier专卖店
项目地点：广东省广州市
项目面积：150平方米
主案设计：李京

本项目独有的设计定位走高端路线，设计上充分考虑到市场中高端男装及定制男装的新趋势，通过设计表达了品牌高贵时尚的定位。

本项目的风格更趋向于现代风格，但是同时加入了新古典的元素，通过空间完美的比例裁剪达到表达产品完美设计的理念。本项目的布局上更多的是考虑客人的购物习惯，考虑每个客户进入前后的视觉变化和心理变化，通过设计创造视点。

本项目的材质上，使用了石材、科技木等一些较为环保低碳的材质，很大程度上我们材质的细节挑选上非常苛刻，对色泽质感等都有较高要求。

CARLO atelier

CARLO atelier

CARLO atelier

CARLO atelier

025/ 庄姿服饰

项目名称：庄姿服饰
项目地点：福建省厦门市禾祥西路
项目面积：90平方米
主案设计：曾伟坤

庄姿服饰位于福建厦门禾祥西路繁华路段。设计师采取了以简单清新为主题的设计手法。项目给人一种时尚与自由的气息。实现丰富与单纯之间的转化与统一。

项目以方格元素镂空结合黑镜与镂空形式变换，给消费空间增添几许灵动，延展空间视线。

在色彩搭配上运用纯净的白，搭配温和的黄，零星点缀沉静的黑，使空间大气舒适，而不缺乏稳重与典雅。

让看多了琳琅满目服装疲倦了的眼睛有个休息的地方，让逛街走累了的脚有个歇息的地方。

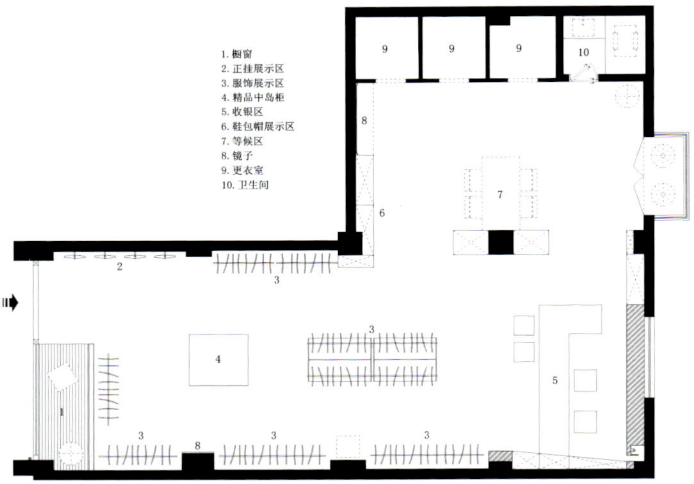

平面布置图

026/ 十足韵律

项目名称：十足韵律
项目地点：福建省福州市
项目面积：170平方米
主案设计：吴联旭

作为一个高档商品展示空间，既要突出品味又不喧宾夺主，所以设计师把本案定位为现代风格。

设计师用一些简单的几何元素和材质打造出一个简洁的展示空间，既突出了品味又不喧宾夺主。

简单的形体，让上下层的空间形成贯通的整体，类似T台的走道，吊顶亚克力折射的灯光，让来客尊享无限荣耀。

淡雅的石材与木质饰面，块面感极强的亚克力吊顶和木质装饰，塑造出简洁素雅的特征。银色马赛克与亚克力方格，熠熠生辉，尽显空间的高贵。

JIJIA FAMOUS

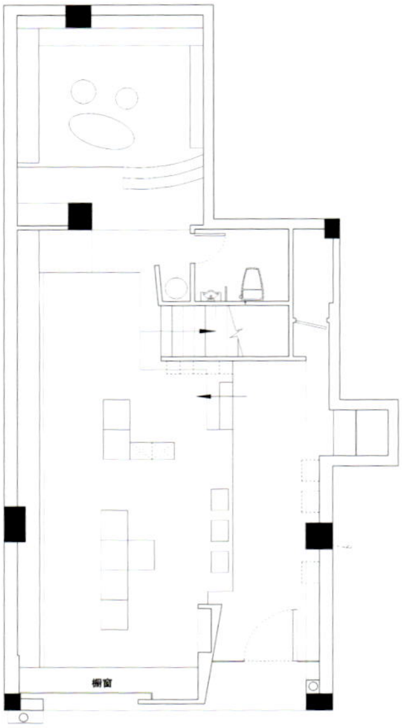

一层平面布置图

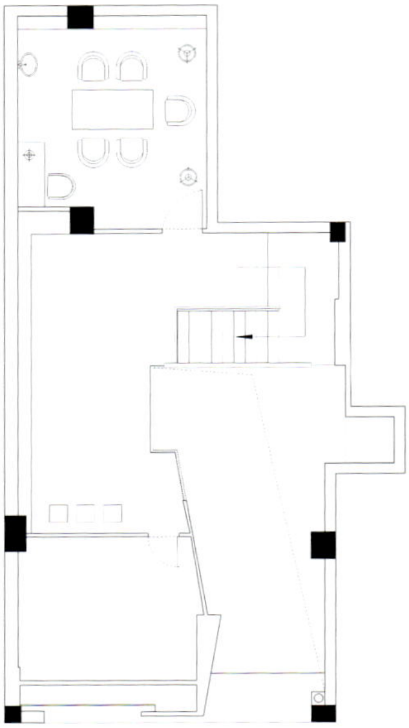

二层平面布置图

027/ 沈阳大悦城

项目名称：沈阳大悦城
项目地点：辽宁省沈阳市大东区
项目面积：24829平方米
主案设计：姜峰

中粮沈阳大悦城，秉承大悦城的品牌概念，着力于打造国际现代化的精品购物中心。“中粮沈阳大悦城”由*A*、*B*、*C*、*D*四馆和沃尔玛超市构成，是以国际化的大型*Shopping Mall*作为核心的主题购物中心，集购物、餐饮、娱乐、文化、休闲于一体。

将时尚的步行街景观、现代化的地铁交通枢纽与国际领先的购物中心——沈阳大悦城中心主题有机结合的理念，堪称国内首见，亦将成为本项目最大的特色和亮点。

主动线简洁清晰，贯穿于各中庭之间，将聚集于中庭处的人流扩散至空间的各个角落，保证每间店铺的人流量，同时丰富不同楼层的购物氛围，实现互相借景和人流共享。

天棚呼应中庭形态，被造型切割过的自然光线洒入空间，形成了丰富的光影效果；观光梯设置于此，丰富的外立面装饰线条，虚实的材质对比，成为中庭的亮点，让顾客在通往较高楼层的同时感受中庭浓郁的商业氛围；两个镜面不锈钢跨层梯的设置，更好地将人们拉至高层，避免了楼层过高产生的弊端。

JORYA

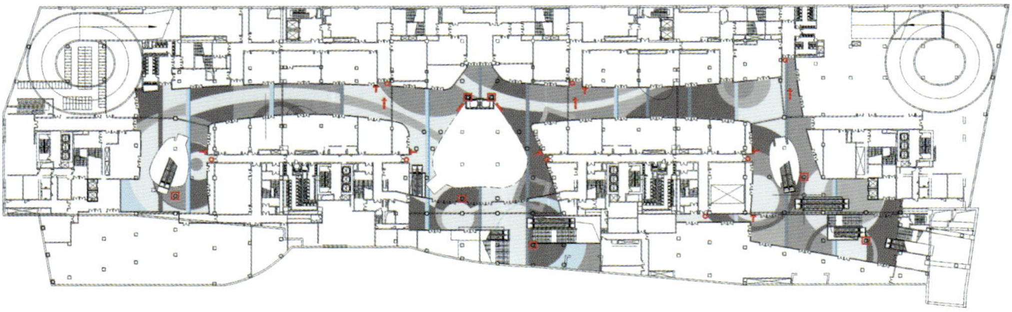

平面布置图

TAYORYA

028/ Agogo购物中心

项目名称：南京Agogo国际购物中心
项目地点：江苏省南京市中央路201号
项目面积：3452平方米
主案设计：谢英凯

从最初因照明需要而出现的点点灯光，到由于人群的聚集和城市的繁忙而出现的点线面光源，直至穿梭于街道网络中的车光流影，光影不仅是人们城市印象中不可或缺的一部分，更充分体现了人们聚集的生活气息与生机。

本案利用光影的速度、明暗、迷惑表现城市生活的意象，于空间中探索未来光影的种种可能。设计师通过光影来连接体块的通道或体块本身，让体块之间拥有高低起伏的变化及迂迴穿行的乐趣。光影突显了体块，体块构造了空间，空间又反过来隔断了光影，三者形成统一的整体，相得益彰。

设计师利用光特有的表现力赋予空间以生命，或静止、或流动、或理性、或感性。在光影里，物体会呼吸、墙壁会跳舞，平凡的材质有了活力。人于空间中游走，于光影中穿梭，影子随之产生各种变幻，令人由旁观者变成了参与者，在开启房间的瞬间，行走于大堂或过道的时候，甚至在洗手间的片刻，都在参与体块与光影的游戏，并在这种游戏中感受充满生机与感动的生活意象。

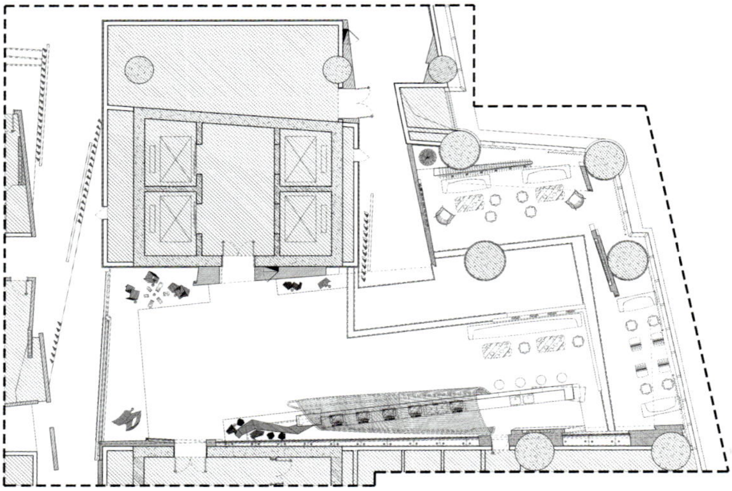

平面布置图

029/ 蜜蜂瓷砖南京展厅

项目名称：意大利蜜蜂瓷砖南京展厅
项目地点：江苏省南京市
项目面积：309.10平方米
主案设计：赵学强

本案以消费群体的消费行为和心理变化为核心的设计思路和市场定位，主要针对中高端消费群体。

“椭圆”作为空间的构成元素，并且整个空间以白色为主，现代简洁。

空间布局强调展厅功能的开放性，并且让每个角度都有不同的美感。

整个空间主要以乳胶漆为主，用最少种类的材料表达完所有的空间，并且满足“高贵、时尚、环保、自然”等特点。

IMOLA

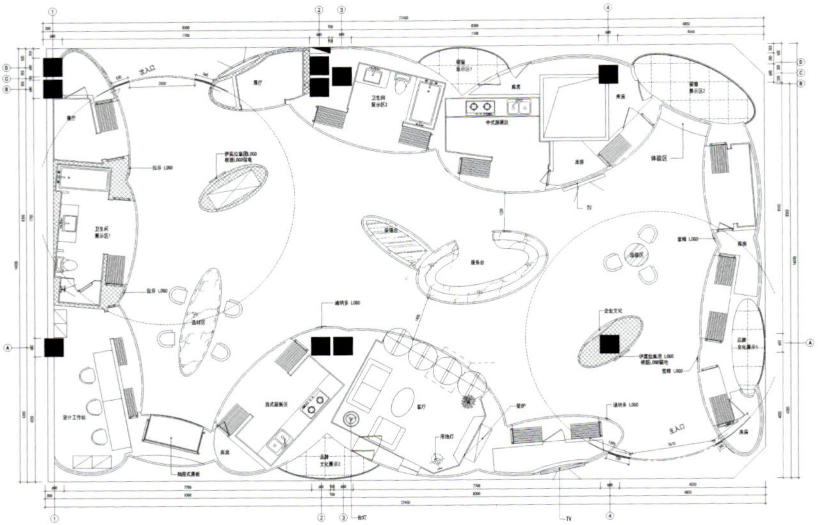

平面布置图

LAFAENZA

LEONARDO
COOPERATIVA
CERAMICA
D'IMOLA
Italian dal 1874

COOPERATIVA
CERAMICA
D'IMOLA

LAFAENZA

030/ 绍兴酒专卖店

项目名称：绍兴酒专卖店
项目地点：四川省成都市
项目面积：110平方米
主案设计：曾麒麟

在当今浮躁的城市生活中，需要一些古朴的元素送来一丝清风。

以淳朴的中国风元素体现产品的历史价值和文化元素。营造了幽静、小桥流水的氛围。

在空间布局上，动静结合，庄严大气。

在设计选材上，以实木和青石板等材料体现中国风元素。自然、典雅、大气。设计中体现了江南水乡气息。

在当地市场独树一帜，酒文化氛围醇厚，令很多酒文化爱好者进店之后便难以移步。

塔牌绍兴酒
鑒湖源頭

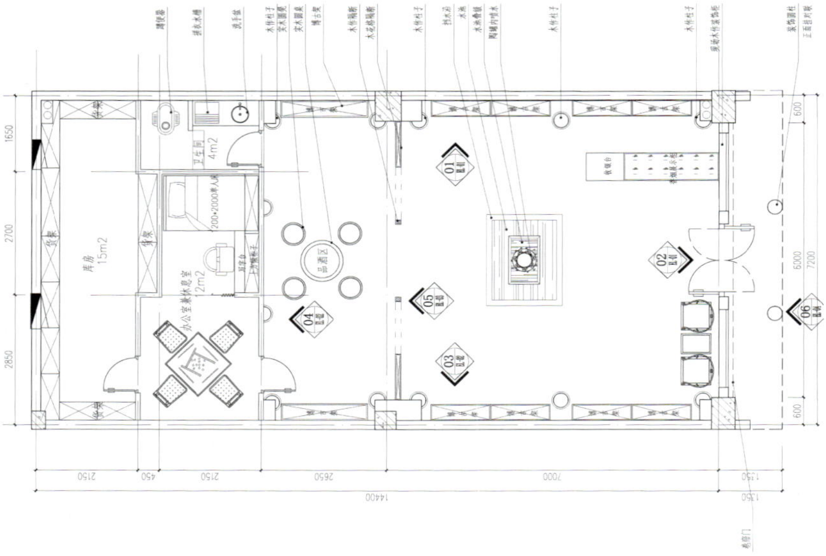

平面布置图

塔牌绍兴酒

031/ 禅空间

项目名称：禅空间-林子法藏古玩展示店
项目地点：四川省成都市
项目面积：100平方米
主案设计：谢涛

这是一个专业经营藏传佛教唐卡和佛像的古玩店，店内展品全部是来自藏区的老货，有老百姓民间私藏的，也有国外回流的，展品品种繁多，令人眼花缭乱。

极简主义风格，没有过多的装饰，实木天花和墙体，重点在布置和光环境设计上做足了功课，全系LED光源配置。

建筑易学风水排盘的方式进行错落有致的矩阵布置。跟前面的案例一样，本案也是通过设计师自己工厂加工的组装件完成施工的。

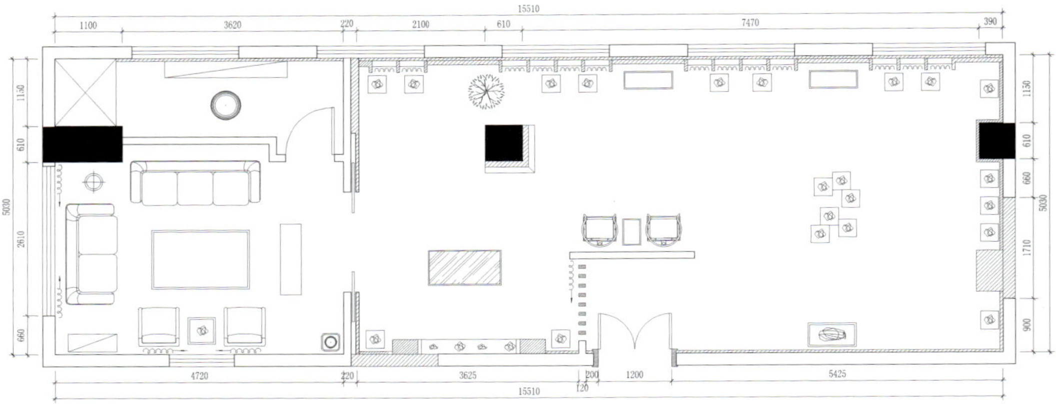
15510
1100
3620
220
2100
610
7470
390
1150
610
5030
2610
660
4720
220
3625
200
120
1200
5425
15510
1150
610
660
5030
1710
900

平面布置图

032/ 古玩店

项目名称：古玩店
项目地点：福建省厦门市
项目面积：80平方米
主案设计：欧慧

展厅商家主要用于古玩收藏、同行交流及交易，所以展厅的设计除产品的销售展示外还强调环境的气氛，把展品与环境自然融合。

风格摆脱了传统单一的展示风格与展示习惯，让藏品直接当成饰品布置。店面的户型是比较传统的长方型，没有变化，这样的店型既是优点也是缺点。为了打破空间的规矩性，利用店面的一个角来当储藏间，型的展柜让空间灵动。泡茶区的大小间区分让谈事情的朋友灵活选择空间。中式传统的圆拱门，也让方正的空间多点乐趣，更强调中式主题。

在选材上，现代材料和传统材料的对比运用，实现了共存、协调。如钢制圆拱门和青砖墙体的搭配、镀银纹仿古地砖与青石板的搭配、金茶镜与花梨木家具的搭配，都在传达一种从古到今不变的搭配规则，和谐！

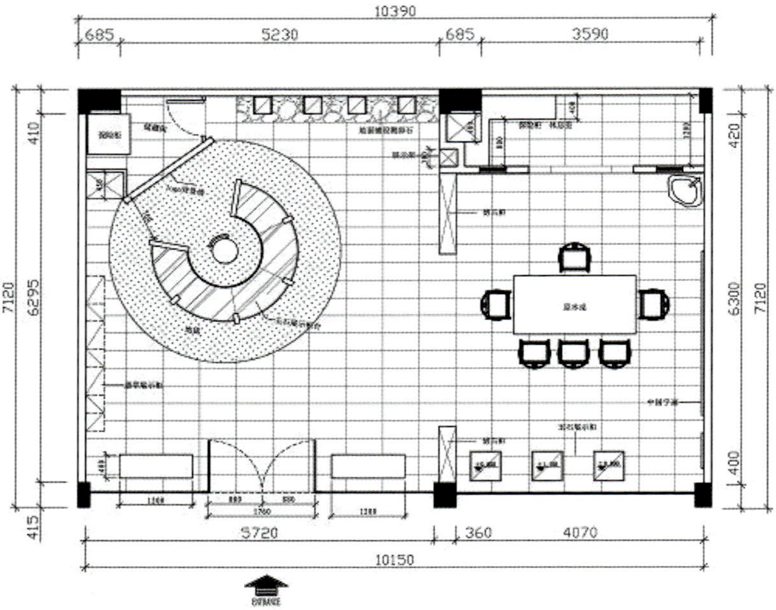
10390
685
5230
685
3590
410
6295
7120
415
420
6300
7120
400
5720
360
4070
10150
ENTRANCE

平面布置图

033/ 木本源

项目名称：木本源中式卫浴旗舰展厅
项目地点：四川省成都市
项目面积：160 平方米
主案设计：胡俊峰

木本源是一家采用中国传统工艺，融入现代设计元素的卫浴产品展厅，产品选材均为香柏、松木和进口橡木。在款式上仿古木桶的美观、大方、古朴、典雅的风格，结合现代流行元素而设计；在工艺上采用古代雕琢手法，与现代高科技设备精雕细琢而成，光润如玉，给繁忙的现代人提供一个洗尽凡尘、回归自然的意境。

在整体展厅的设计规划初期，“容纳”“容合”“容质”是设计师首先考虑的。容纳，即是将产品完美地融入空间；容合，产品和空间既要和谐统一，又要彰显突出；而容质，也是最重要的一点，即企业产品的气质要与空间的气质高度契合，相互益彰。

展厅的内部空间，设计师使用了徽派建筑中连续的封火墙作为基本设计语言，很好地把握了呼应对称，让空间的立体感、韵律感、节奏感、秩序感十足；通过一条由连续的月洞门组成的长廊，视线被走廊尽头的镜面所延伸，增强了顾客在店内空间的交互体验！设计师还在展厅内设置了两处停留空间，一处位于展厅的中央，以园林造景的方式进行构造，让顾客在亭台之中感受着富有中式韵味的购物体验；一处设置于连续月洞门的尽头，根据展厅的动线排布，合理设置顾客停留。在园林中品茗交谈，完善了五感设计中味觉和触觉的体验。

14500
300
7900
600
5700
卫浴柜
木桶
工作区
月洞门
+450
+240
+200
+350
+0.00
画室/书房
卫浴实景间3
卫浴实景间2
卫生间实景1
LOGO墙
接待台
马头墙
小品景观
15000
15200
3580
7080
2800
4800
8400
200
400
8800

平面布置图

木本源
MU BEN YUAN

034/ 尚德嘉和

项目名称：尚德嘉和
项目地点：新疆省乌鲁木齐市
项目面积：800平方米
主案设计：康拥军

尚德嘉和位于乌鲁木齐市幸福路口名家古玩玉器城四楼，是一个集会所、办公、产品展示、少量精品玉石加工、玉石交易于一体的高档商业空间。玉石之美者，代表一个人的品行，号称国石，是典型中国文化代表符号，所以本案采用现代中式风格的设计，将传统中式与现代简约有机结合，既是对传统建筑文化的合理继承与发展，同时也与玉器行业既继承传统精华又发展现代玉器风格的路线相结合，与项目本身具有较高的契合度。

尚德嘉和共划分了进厅、展厅、会所、办公加工四个主要区域。进厅部分宽敞、整洁，设有接待和水景，水景结合新疆独特的气候环境，巧妙地安排在了整个项目的进风口，既调节了室内湿度，又起到了降低室内温度的作用；同时水景区模仿新疆和田喀什河河岸玉石产地地貌特征，与项目本身紧密结合。

水景紧邻接待，与接待相辅相成，既有实际使用意义，又增加了接待时的情趣。展厅部分总体呈圆形布局，宽敞明亮，照明结合玉石本身的特质，以白光为主，返璞归真，更加彰显玉石本身的温润的特征，展厅还设有柜台，同时还具有小宗玉石交易的功能。会所部分分为门厅、过厅、休闲区、书画区、茶室、总经理室等，总体以总经理室为中心，满足接待高级客户的各项要求，风格中式简约现代，中间包含了茶、书画、梅、兰、菊、竹等元素，象征玉器志向高洁的特征。办公加工部分，主要包含了设计室、高档玉器加工室等，主要起到了精品加工、玉器加工流程展示的作用，使客户更加了解玉器加工工艺，彰显甲方在玉器行业中实力与底蕴。

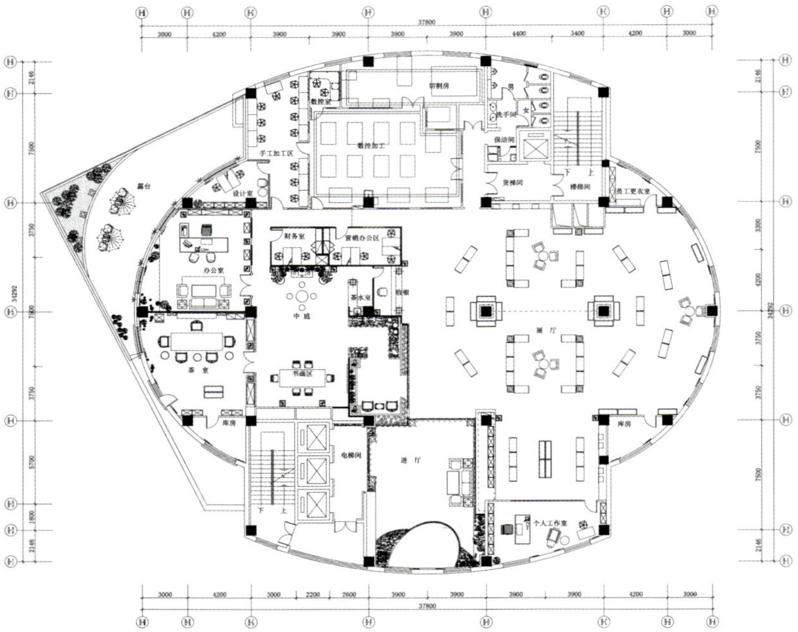
37800
3000
4200
3900
3900
3900
3900
4400
3400
4200
3000
切割房
数控室
男
女
洗手间
保洁间
数控加工
手工加工区
露台
设计室
货梯间
楼梯间
员工更衣室
财务室
营销办公区
办公室
中庭
茶水室
收银
展厅
茶室
书画区
库房
电梯间
进厅
个人工作室
2200
2600

平面布置图

035/ 传世家具展厅

项目名称：南京传世家具展厅设计
项目地点：江苏省南京市建业区金陵国际家居
项目面积：500平方米
主案设计：李柏林

本案墙面没有过多的修饰，乳胶漆与艺术墙布结合，白色更清晰地突出家具主体，墙布烘托的色调使空间显得更加典雅内涵，并且大量使用清玻使家具犹如展柜内的珠宝一样尊贵、熠熠生辉。

顶面灰色灯槽设计与灯具、顶面点线面结合，简洁不乏时尚。地面选用浅米色地板，没有复杂的图案，与家具胡桃木形成对比。通道部分选用环氧树脂让空间增添一抹暖色调，树脂天然的纹路犹如琥珀又仿佛一幅水墨画，使整体格调比较诗情画意，透明的树脂使空间更灵动，与产品的气质完美结合、相辅相成。科学陈列与配置家具，明确家具印象。

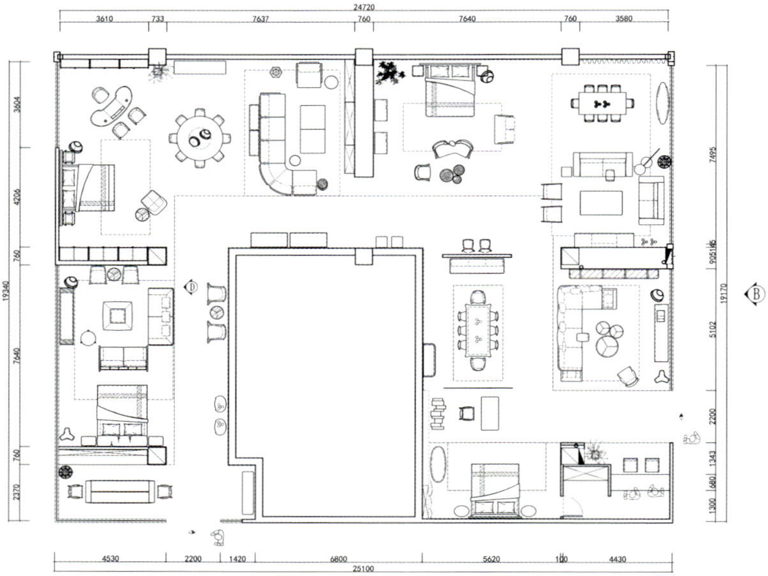

平面布置图

036/ 大巢氏

项目名称：大巢氏
项目地点：安徽省合肥市
项目面积：90平方米
主案设计：许建国

本案设计秉持自然养生之念，如何保持天然，让一切看起来都自然般美好，不矫揉造作。

入门处本案设计师偶得三把凳子，全由树木自然生长而得来，未经任何雕琢打磨，更好地切入主题，自然的东西如何保持良好的状态，这便是追寻的真谛。如此环境，走进去便像是得到自然的洗礼般，身心舒畅，崇尚自然与和谐，实现人与自然的和谐统一，方可达到最好的状态。

原木、原石、竹子等自然材料，进行巧妙衔接捆绑，分割空间，又使之在情理之中辗转回旋，烘托出整体环境氛围。

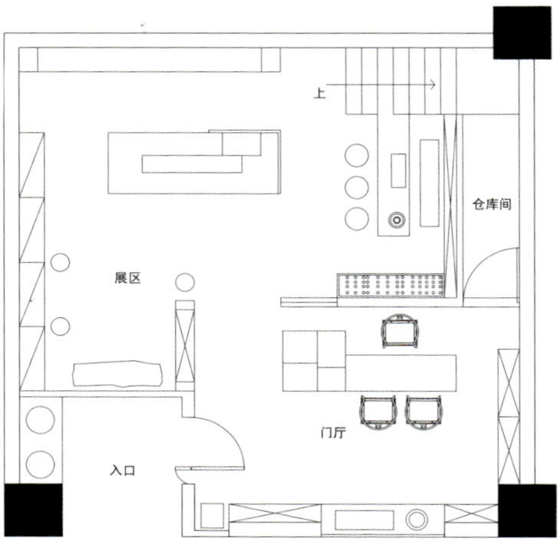

一层平面布置图

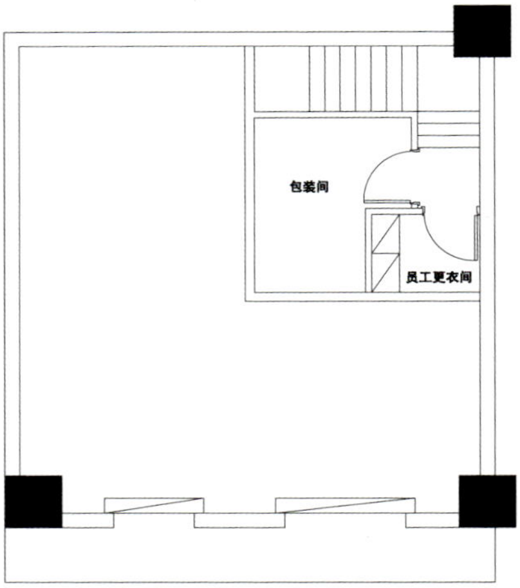

夹层平面布置图

花
净

大巢氏

御致茗方

037/ 巴鲁特生活馆

项目名称：巴鲁特男装轻奢生活馆
项目地点：浙江省杭州市
项目面积：600平方米
主案设计：谢银秋

服装店是一个很魔力的地方，它可以带领你走进玲琅满目的世界，闪烁的灯光下，无处不在的奢华与现代风的结合，对于喜欢创新的年轻人群、对于上班族、对于休闲党，这一切都不是问题。

巴鲁特男装轻奢生活馆主要是氛围还是以服装概念为主，也结合了东西方习惯，比较多元化。

BRLOOTE
BRLOOTE

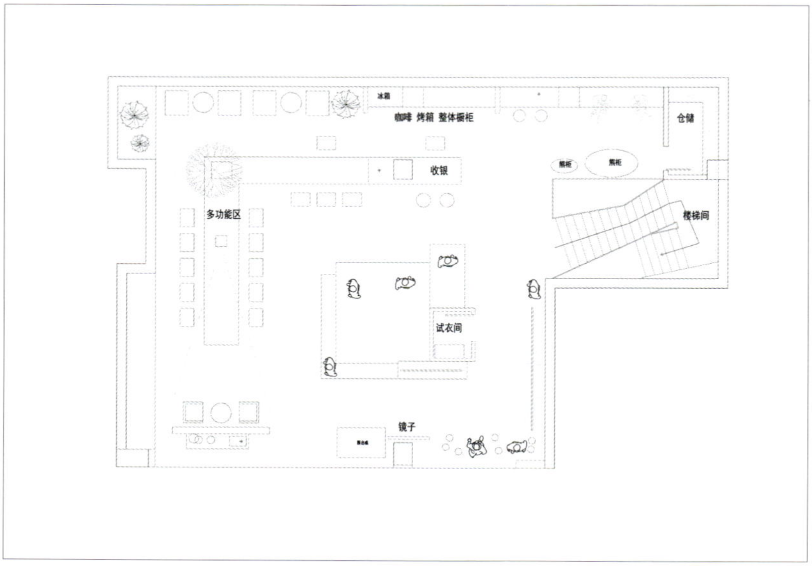

平面布置图

BRLOOT

038/ *ISITCASA*家具馆

项目名称：ISITCASA家具馆
项目地点：台湾台北市
项目面积：600平方米
主案设计：洪文谅

设计，从生活需要谈起，想要与需要不同，生活应该是简单的，在了解行为模式、互动情感之后，将“需要”透过设计落实。

空间不过于琐碎或分割，藉由流动的动线，一步一景地透过视觉传递，触及内心对于生活的深度情感，改变家具陈列尺度，也将手作精神态度与设计涵养呈现，当您缓推开大门、嗅得满室木香开始，即心领神会。

串联人与生活、与情感、与自然的生成关系，室内回字型的动线概念，取自生生不息的寓意，要让眼光及感受都是舒畅、无压、且悠哉的，感受生活、享受生活。这是对于在*ISITCASA*每个品牌背后设计者的一种虔敬之意。去化商业店头的展示窠臼，以“家”的方式，温暖地迎接欣赏目光，也是我们回馈他们热衷于手作精工工艺的一份
切与感念。

材料的运用，是在“设计不必要做得比它所需要的
复杂”的理念下进行。我们“用最少的材料来完成一件
品”，以秩序性的方式呈现，不是单靠材质的特性或颜
的加持，简化媒材，其实是在反映一种不争的生活态度。

在空间里，自然呈现北欧经典家具的原创精神，
予角落或区域聚焦的所在，白色与原木的温润共鸣，成
*ISITCASA*予人的第一印象。

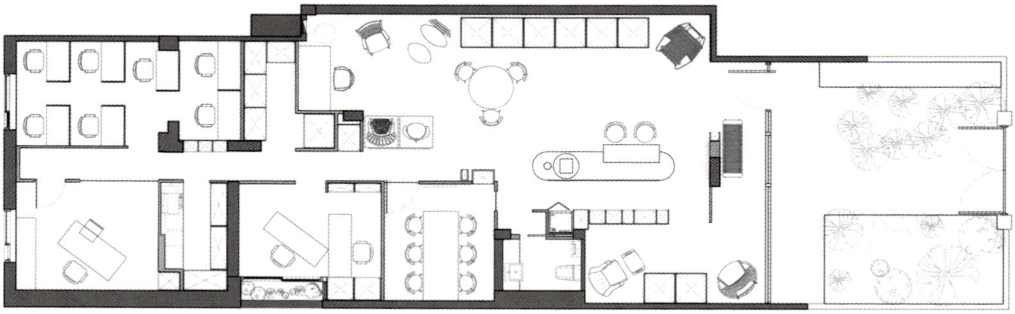

平面布置图

039/ FORUS

项目名称：FORUS
项目地点：福建省福州市
项目面积：300平方米
主案设计：李超

业主以“*Forus*”为高端定制的婚纱机构，设计师根据该婚纱机构的针线及蕾丝等元素，结合了建筑*Loft*的工业风格，思考如何将蕴含于空间内的空间本质挖掘出来。设计师最后将糅合后的婚纱浪漫感性元素及*loft*工业风的粗犷硬朗元素散碎在空间中，两者结伴同行相映成趣。

入门的异形玄关墙，背后是定制婚纱的工作室，工作室入门是镜面旋转门，另一侧是透明的钢化玻璃，工作室的上方是独立的休闲区。整个空间中门头的立体钢架及内部钢架的结构，通过不同类型的玻璃——钢化玻璃及镜子的穿插运用，配以蕾丝花纹的墙纸、混搭抢眼的花砖，将空间封装在其中，立体干净的结构是该空间诉说的主题。

异形的门头造型吸引了不少路人驻足观看，内部空间的风格特点更让客户耳目一新，留下了深刻的印象。

FORUS
couture

040/ *ISSI*品牌集合店

项目名称：ISSI设计师时装品牌集合店
项目地点：上海市北外滩
项目面积：1800平方米
主案设计：胡武豪

*ISSI*的品牌定位是打造中国最大的设计师时装集合地，一个新的时装概念——外滩*style*,空间有三部分内容：设计师时装品牌、时装秀场、时尚*BAR*；设计师综合分析了品牌文化特性和地域文化背景，在空间中以灰色的建筑混泥土原结构为基础，利用铁本色的材质货架陈列，泥墙和白色挑高钢结构建筑体的完美对撞，玻璃隔断与木本色家具的冷暖呼应，使整体空间浑然一体，简洁而不失细节！

入口的石材大门套与复古做旧的木质屏风,体现了老上海悠久的历史文化，更不失*ISSI*外滩*style*的腔调；进入大门，眼前霸气的弧形旋转楼梯使整体空间一楼、二楼、三楼是那么地整体，没有过多的装饰，但是白色喷漆的钢结构基础和玻璃木质的栏杆扶手是那么的精致时尚；一楼的男装区色彩纯粹，白色、铁本色、实木人字地板，复古吊灯，这些组合仿佛是一个集所有有点于一身的完美男人。上楼梯到二楼，正面灰色混泥土形象墙上铁本色的层板上白色*LOGO*是如此醒目，进入大厅左边区域是产品陈列区，右边是时装秀场区，露台是时尚*BAR*。产品陈列区设计师围绕中间试衣区，设计了以玻璃为隔断的循环动线，若隐若现，空间层次清晰，产品琳琅满目；秀场区泥墙搭门的隔断和对面白色超高钢架外立面隔空对话，仿佛在探讨时尚的话题；时尚*BAR*的区域，设计师利用露台护墙做了全上海最长的吧台，一个个定制台灯坐落在台面，绝对是北外滩一道靓丽的风景线。

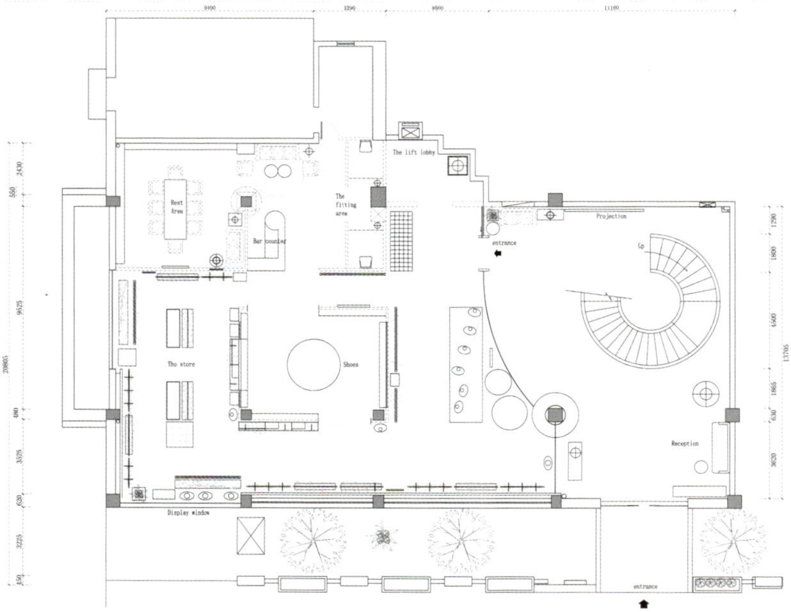
The lift lobby
Rest Area
Bar counter
The fitting area
entrance
Projection
Up
The store
Shoes
Reception
Display window
entrance

平面布置图

041/ 林茂森茶行

项目名称：林茂森茶行
项目地点：台湾台北市
项目面积：215平方米
主案设计：杨竣淞

传统饮茶仪式，从概念、视觉，到设计、结构、氛围，传递美好精致的体现。回归隐敛自然的编织工艺，于天花线条间舒张、释放，材料透过生态性的反省，揉以新旧概念，产生一种自由感，与城市环境共生。

由对称罗列秩序，隐喻东方民居空间质感，衍生价值原则。静观环境的演绎传承，新旧概念相映交融，以仪式性的型态企图，在商品与消费互动的过程中，彰显人文意涵，将机能、动线、陈列透过美学意涵，还原出企业精神初衷。

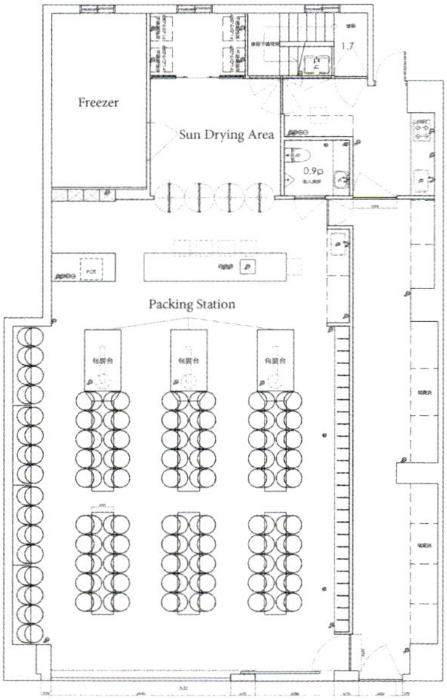

平面布置图

林茂森
茶行
LIN MAO SEN TEA CO.
SINCE 1883

042/ 逸舒之家

项目名称：逸舒之家2015少年宫店
项目地点：山西省太原市
项目面积：240平方米
主案设计：王冬梅

在各种大牌店面与小资小店充满的二线城市太原，此案为真正热爱生活，又追求品味的知性女性打造一处贴身亲密的服饰体验空间。

此案以现代简约与复古情怀有机结合手法，对于正在发展中的二线城市太原来说，是一种新的气息被展现出来。不同的销售区域被不规则地划分开，在店面的尽头打造出一处郁郁葱葱的花园，给客人一种惊喜一种幸福。

为了营造一种简约与时尚，利用了黑色钢板的吧台与墙体，纯洁的爵士白理石以及饱含禅意的砂岩柱，还有被保留的水泥柱体。

此案做到去繁存简，在充满创意的博爱境界，客人可以抛开自己主观主张，充分体验这种随意品味的、拥有感情的空间，寻找想念的文艺气息。

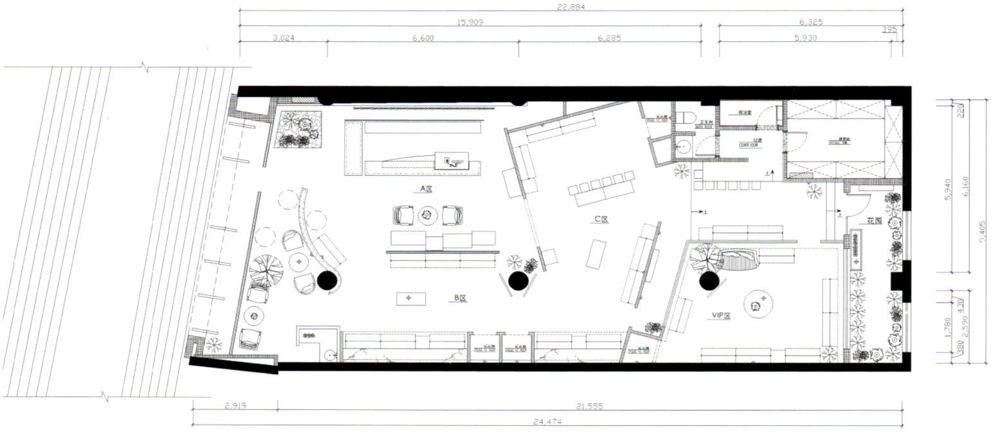
22,884
15,909
6,325
3,024
6,600
6,285
5,930
395
A区
B区
C区
VIP区
花园
CORRIDOR
5,940
6,160
9,405
220
430
1,780
2,590
380
2,919
21,555
24,474

平面布置图

043/ ON OFF Plus

项目名称：ON OFF Plus
项目地点：广东省广州市
项目面积：91平方米
主案设计：谢英凯

本作品在广州国际设计周展出，对“公共性、开放性、趣味性”设计理念的思考延伸，围绕对人的内心、身体、精神、居住场所、生存社会以及世界的关注，传达设计的责任感。通过观察人们在生活不停的遭遇到事实与本质之间的辩证运动，我们借由设计透过事实，给予本质更多的想象暗示，通过对空间维度矛盾的建立，探讨现象透明性以及物理透明性。

设计思考从“人是万物的尺度”而出发，探究因主体的不同而引起的判断标准的相对性，而现象的存在因主体的不同而产生意义各异的客体，所以，我们需要通过设计“去伪存真”。

整体造型透过迭合的方式，构建变幻无穷的事实景观，激发更多想象力，令空间充满趣味。

整个展馆采用白、灰、透明三色软膜围闭空间，实现展馆内外互动性。

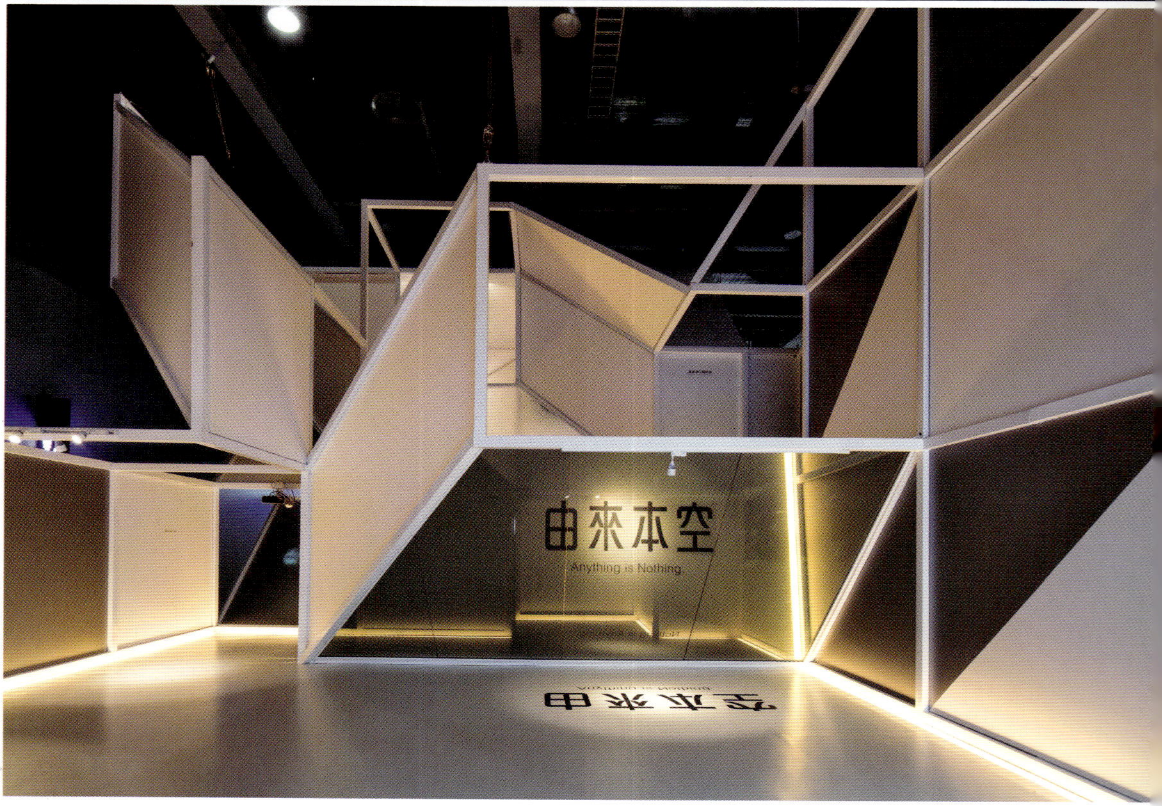
由來本空
Anything is Nothing.

044/ 阿卡贝拉展厅

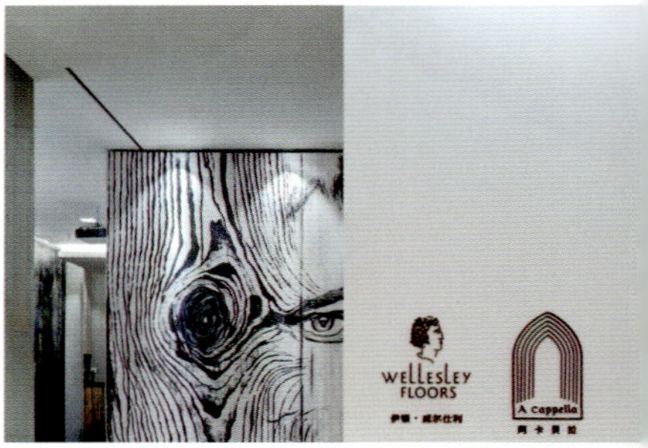

项目名称：时间与空间的对话
项目地点：四川省成都市
项目面积：300平方米
主案设计：张灿

所有的商业诉求都集中于此。要最大的出货量，也要最有品味的店；要让普通客人能喜欢接受很有吸引力，也要有逼格和艺术性让设计师觉得有感觉；要很多不同类别的展示区，也要有大的空间搞活动；要有这个地板品牌的文化气质与诉求，也要有不同于其他同类商品高于地板本有品质的体现。

破坏的墙体，整合着空间，逆思维中的质量。在设计中它是展厅，又是破坏的设计。从一个方向盒子延伸到整个展厅空间，语言的对话和墙体的破坏，这是宏观到微观的设计。视觉的观点，心理的被解读，这些过程都希望被逆转。木质和墙面一起构成的边框，亦形成需与实。新旧材料的对比，没有名贵的材料，做出新颖的效果。

视觉冲击力很大，让一个材料卖场成为一个产品的展示空间，让客户会驻足观赏，同时也让材料商能在这样的空间中进行设计或客户活动。

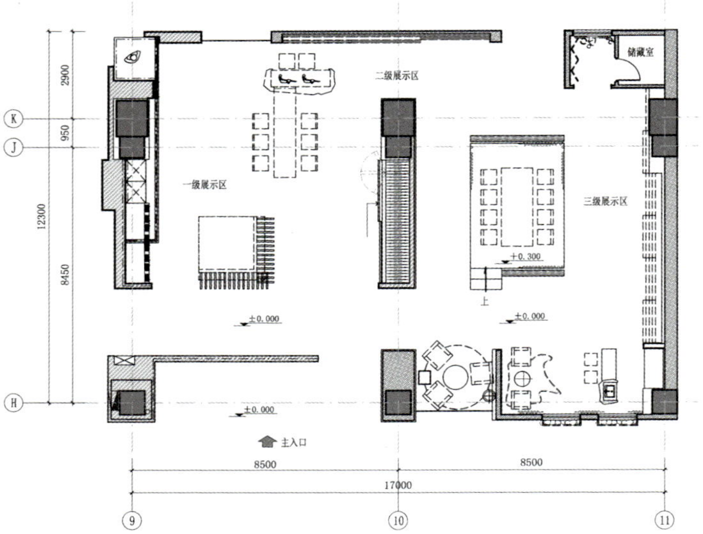

二级展示区
储藏室
一级展示区
三级展示区
2900
950
12300
8450
±0.000
+0.300
上
主入口
8500
8500
17000
K
J
H
9
10
11

平面布置图

045/ 灵感厨房

项目名称：灵感厨房
项目地点：四川省成都市
项目面积：300平方米
主案设计：李文婷

限定的空间，固定的功能，传统的品牌，如果只是作为一个商品展示，表达不到其内涵。用传统合院式建筑和城市肌理构成特定的逻辑和语言。品牌的精神展示在这个场所形成自我的性格。由小空间组合成大空间。人为意识的强行使空间可以运动，改变中由缺点转化为特定的优势。

在动线上，参观者首先到达的前院（前厅），展示了企业的品牌文化及历史，使参观者对企业有了大体的了解，以“火”的演变带入品牌文化的精神中。廊道部分（介于前厅和后厅），在关闭办公室、研发室及通向后院的大门后就成为一个封闭的产品展示区，灵活的隔断形式将空间划分使用。后院（后厅）是学习体验空间，参观者不仅可以观看视频影像资料，还可以动手进行体验操作，使参观者对企业产品有更直观的认识。

感
Inspiration
awokos
nadahnuce
ilham
ispirazione
frymëzim

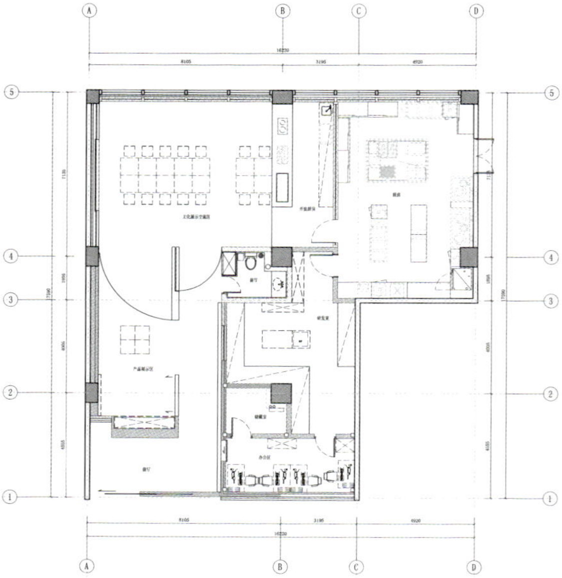

平面布置图

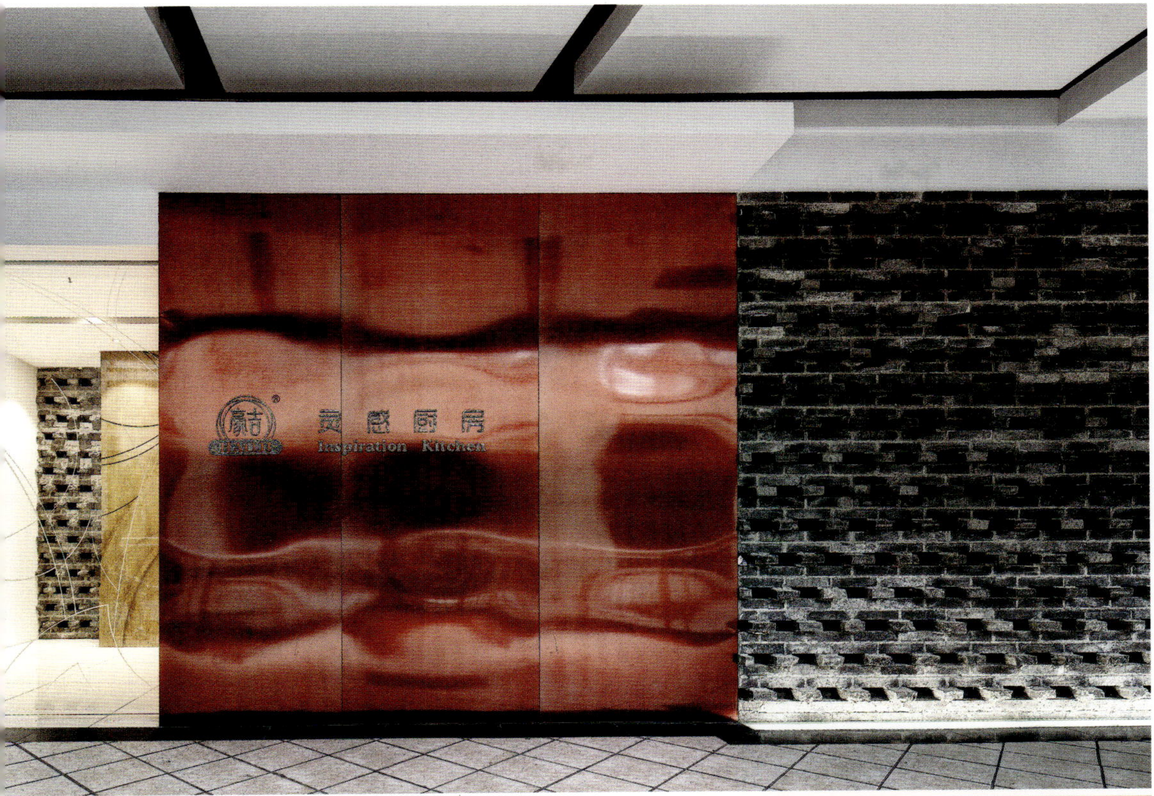
豪吉
灵感厨房
Inspiration Kitchen

046/ 赛德斯邦总部

项目名称：赛德斯邦总部旗舰店
项目地点：广东省佛山市
项目面积：30000平方米
主案设计：刘晓亮

佛山市赛洛兹建材有限公司是专业从事建筑陶瓷产品生产和销售的企业，公司总部位于陶瓷名都——佛山陶瓷产业总部基地，拥有意大利进口先进设备、功能齐全的R&D中心、生产基地，设备完善的3万平方米仓储物流中心，实行国际先进的管理模式，全面通过了ISO9001国际质量体系认证和ISO14001环境体系认证。旗下拥有高端品牌——“赛德斯邦”，兼营西班牙进口著名瓷砖品牌和各类家居空间建筑装饰材料。

赛德斯邦系传承东西方文化的建材高端品牌，品牌名称Cerlords，来源于colourful、enjoy、relax 、lords的组合，寓意赛德斯邦是享受多彩、写意、尊贵的质感生活的倡导者、提供者、推广者。赛德斯邦以陶瓷亚光砖为核心产品，注重产品研发设计及整体空间解决方案，经营产品包含室内墙地砖、浴室柜、坐便器、淋浴房、台盆、五金配件、灯饰及摆设品等建材装饰配套产品。

Cerlords

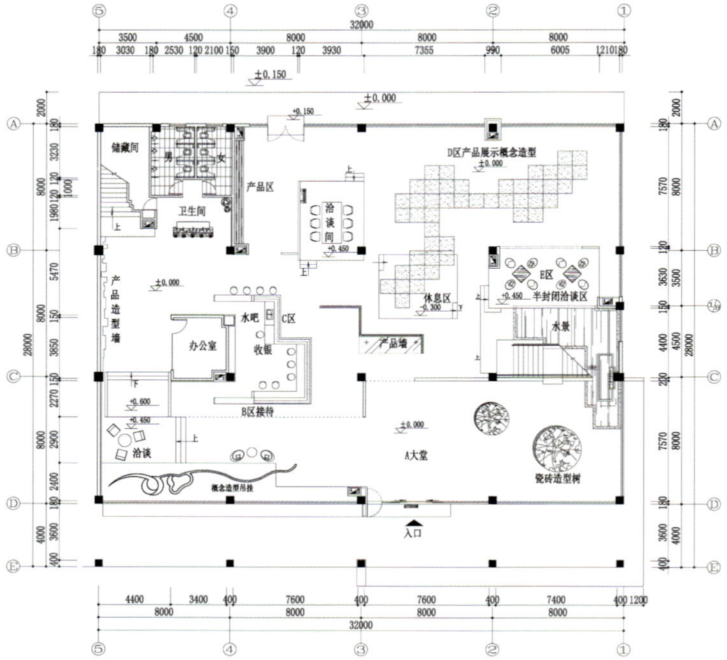
储藏间
男
女
卫生间
产品区
洽谈间
D区产品展示概念造型
E区
半封闭洽谈区
休息区
水景
产品造型墙
水吧
C区
收银
办公室
产品墙
B区接待
洽谈
A大堂
瓷砖造型树
入口

平面布置图

047/ 齐长城美术馆

项目名称：淄博齐长城美术馆
项目地点：山东淄博市
项目面积：3800平方米
主案设计：韩文强

距离山东淄博火车站不远，在闹市的繁华背后隐藏着一片破旧的工业厂房。凭借大跨度的空间结构和朴拙原始的材料质感，这里成为艺术家们的向往之地，由此引发了一次从工业遗迹变身为当代艺术馆的改造过程。改造区域大约是一个占地面积约*3800*平米规整的矩形，散布着*3*个厂房和大小不等的多处仓库。由于厂房地下设有人防设施，室内外地面均为混凝土，所以场地内鲜有树木。

基于原厂房分散、封闭的外部环境特征，设计着力于建筑内外转换和场地关系的“关节”处理，加强艺术活动的公共性、开放性和灵活性，促进人与艺术环境的互动，使废旧厂房重现活力。一条透明的游廊重新整合原有场地的空间秩序，穿梭于旧厂房内外之间，改变旧建筑封闭、刻板的印象，新与旧产生有趣的对话。

玻璃廊道的曲折界定了多功能的公共活动，包括书店、茶室、艺术家工作室、研讨室等，也使得一系列艺术馆的日常活动成为艺术展示的一部分。由镀膜玻璃和灰色花纹钢板构成的廊空间悬浮于室内外地面之上，勾勒出水平连续的内外中介空间。随着游人的参观活动，视觉场景不断变换，镜像、映像、虚像反复交替。厂房内部最大化地保存工业遗迹的特征，适当添加人工照明和活动展墙，保持原始空间的灵活性。室外场地以干铺和浆砌鹅卵石板来塑造成一个完整的环境背景，局部覆土种植竹林，使内外环境交相辉映。

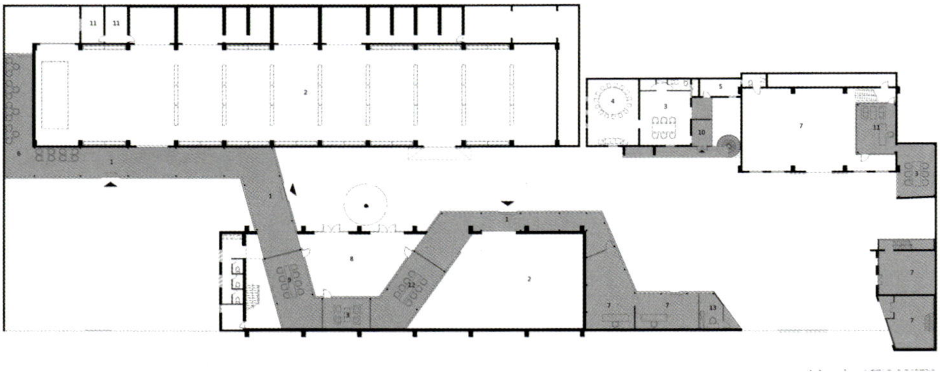

平面布置图

048/ 天宏酒庄

项目名称：天宏酒庄
项目地点：黑龙江省哈尔滨市开发区
项目面积：380平方米
主案设计：靳全勇

世茂滨江坐落在风景秀美的松花江北岸，毗邻金河湾湿地公园，美丽的景色尽收眼底。

室内空间再多的装饰也无法胜过自然的优美环境。

注重功能和细节，才能有效地提高品质。原有三套平层格局的住宅通过两道可循环的走廊相连。使其功能分区明确，动线合理。

整体色调以灰、白和自然的木本色为主，通过简单的线条凹缝，强调空间的体积感，没有过多的装饰造型，一切型式都是为了满足功能的需要……

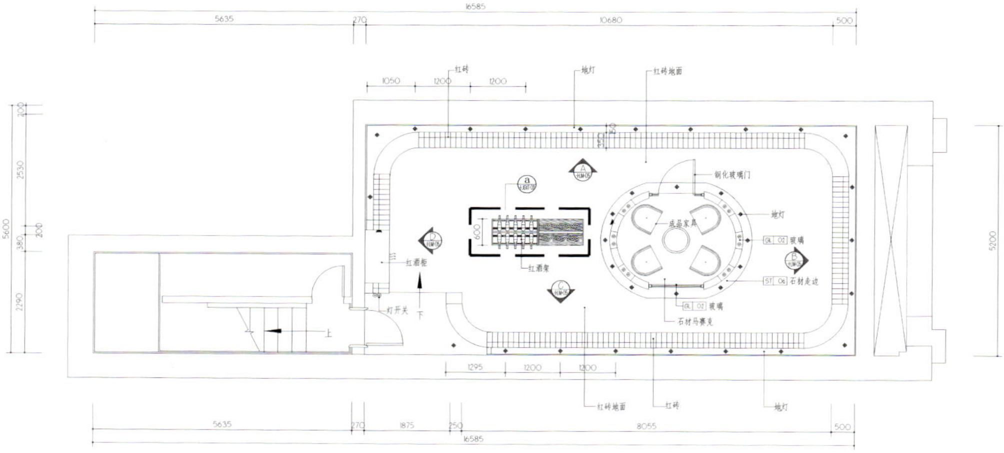
16585
5635
270
10680
500
红砖
1050
1200
1200
地灯
红砖地面
钢化玻璃门
成品家具
地灯
GL 02 玻璃
ST 06 石材走边
GL 02 玻璃
石材马赛克
红酒柜
红酒架
灯开关
上
下
600
5600
2530
2290
5200
1295
1200
1200
红砖地面
红砖
地灯
5635
270
1875
250
8055
500
16585

平面布置图

049/ 锐驰总部

项目名称：简.谧——锐驰总部
项目地点：上海市青浦区
项目面积：454平方米
主案设计：赖建安

现代简洁的设计手法，迎合了现今消费者对产品专属性追求，而不是过度地渲染产品，从产品特性去挖掘品牌内涵，融入到空间氛围中。设计采用*Loft*结合当代几何穿接艺术。

空间划分的灵活性与适应性，结合展示机能，引导动线，横纵空间依序展开，近、中、远景相互演变，引各自光影，呈多元感受与交流。

以新鲜、纯粹、简单、健康的白色为空间主色调，亦有不同的表情层次，增添了形式感上的新颖、光影的变化。

步入其中，让人深感品牌的魅力，体验精致生活品质。

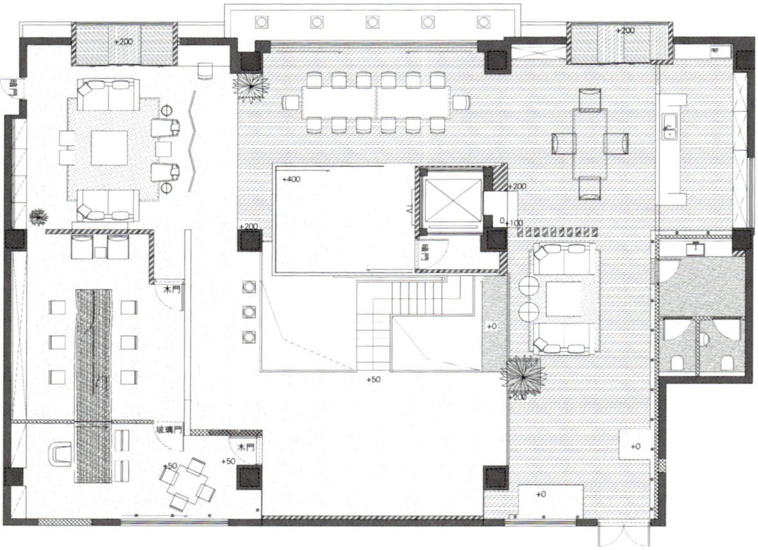

平面布置图